五十九棵大茶樹呼喚

張耀 著

content

自序

亂雲飛渡，五十九棵古茶樹巋然不動

七月十八日傍晚，八點多了。

陽臺外面是歐陸的古老屋頂，遠山蒼茫，對面坡上的白色城堡還在夕陽中閃耀，毫無保留地宣示著世界級瑰寶的光芒。

它站在山崗高處不可一世，七、八個世紀了。這古城因它而富麗堂皇，幾百年沒有外來騎士侵入。看天上的浮雲，底邊已捲起黯淡的灰色。太陽正在下山，亮到再晚也要天黑的。

從未被攻克的大主教城堡會開燈，然後關燈，最終陷入黑暗。

直到明天拂曉，清晨第一道光芒照亮它的塔樓。

這就是時間威力，讓一切明亮，也讓一切沉入黑暗。

此刻，萬里之外的亞洲雲南，茫茫古六大茶山還是夜色無邊，還有三個小時，黎明就來了。

雲海深處的古茶樹將在拂曉醒來，像城堡塔頂一樣，迎來曙光。

它們也是世界的人文瑰寶，在西方，知道的人還不多。地球是平的，星光下的倚邦古街，困鹿山上發芽的千年茶樹，跟維也納大教堂、巴黎聖母院，具有同樣世界意義。以後西方人也會上雲南老六山，在柏林和維也納沙龍品賞古樹茶。

在這個傍晚，開始動筆，完成想了十年的事，為我相遇相識，夢牽魂繞的古茶樹寫下一本書。

十年時間，在過去五、六本書都寫完了，如同我的黑白巴黎和絢彩的羅馬畫卷。

當年，初識雲南峻嶺的高聳茶樹，驚為天人，忍不住嘶喊分享，第一本茶書《山外有山》一氣呵成。

後來，年復一年浸潤古茶山，經歷曲折，有很多傳奇可寫，反而躊躇了，見識越多，敬畏越深。

普洱古茶樹，不是天上飄過的一朵白雲，而是我的整個天空。一個嘔心瀝血的志願。

熱愛古茶樹的開端，是天降之喜，過程是十多個春秋風塵僕僕，在滇西南茫茫山野攀峰越嶺，日夜出入邊遠小寨，艱苦尋覓……等到在案前坐下，打算書寫大茶樹的時候，窗外卻是一片歐洲的山水，處處是天主教的光芒。

空間上，相差上萬公里，精神上近在咫尺。

古城的每個鐘點，都敲響鐘聲，告訴人們這裡安寧、正常，上帝在俯瞰我們，什麼事都沒發生。在雲南茶山上，天天這樣發聲的，是早上寨裡的雞鳴，廚房農婦忙碌的聲音，窗外茶農在聊天，還有急急忙忙的摩托車聲、汽車聲，小孩的歡樂叫喊。

我曾經入迷世界主義的遠景，這個詞彙跟很多人講的全球化，並不是一回事。全球化充滿了物質氣息，講的是買賣和流通方式。世界主義講的是開闊的世界觀，視天下為己任的胸懷。等到哪一天你覺得巴黎和倫敦、紐約發生的事，就像你家門口鄰居的事，就是世界主義了。現在還不是，現在只是買巴黎、倫敦的奢侈品像在家門口一樣。

二十一世紀的世界，空間的距離似乎被消滅了。在古城步行橋上，聽得到很多國家的語言，包括內地方言，上海話很多，自信十足的中國人在歐洲各地響亮談笑，大把花錢，像一九九〇年代的日本人一樣，雄心勃勃，似乎全世界都可以買回家去。可惜，最寶貴的東西帶不回去。

在歐陸，你能呼吸到藍天的味道，空氣乾燥，在陽光裡手指一彈似有脆響。阿爾卑斯山的針葉林乾爽清香，跟雲霧繚繞的雨林茶山不同：一個放鬆閒散；另一個是密集的綠葉，懸掛野藤的古樹，水分和芬芳籠罩而來。你要麼不喜歡，要麼心醉神迷，不想挪步。歐洲的閒散，忙碌的亞洲人大部分欣賞不來，覺得悶。其實東方古人懂得優閒自在，不然，哪來堂堂千年的寫意山水，大卷書畫。還有空渺的禪宗境界，玄而又玄的茶道。東方古人的精神深邃，象形文字更是神祕如畫。

雲南有處野生茶樹茂盛的山脈，就叫「無量山」；蒼山林海，被「無量」兩個字輕描淡寫，帶出寫不完的大自然縹緲，無法概括，無法描述。

古茶山的深廣，盡在其中。

初上茶山之時，驚嘆遍布山野的奇偉茶樹，有的直聳雲天，豈止是驚嘆？簡直石破天驚，完全傾倒！這是埋沒在深山老林裡的壯觀生命和人文奇蹟啊！

穿越千年朝你走來。

內心的澎湃，猶如三十年前第一次走進巴黎一條條無盡展開的石頭大道，看到威尼斯完美落日的海灣……這種鋪天蓋地的美，鬼斧天工的偉力淹沒一切，沒有可能思考，只有滌盪人心的巨大感動、嚮往。

那時，全雲南只有幾處地標性的茶王樹被保護，很少人談論古樹茶，更沒有純料概念。茶山的古村寨大都貧困僻塞，有的在開荒，砍樹毀林，許多地方無車無路。

看到舉世珍稀的古老茶樹資源流失，還有茶農的艱困生活，一天天夜不能寐。喝到古樹的茶更是醍醐灌頂，不是好喝舒坦，而是振聾發聵，滿目光芒。只有徹頭徹尾：五體投地。

我這輩子只崇拜兩樣東西，一個是至美之物，一個是歲月茫茫。古茶樹合二為一！

這還不是上天召喚，這輩子的命中注定嗎！

人生方向就此改變：以前是飛巴黎、維也納，接下來就飛西雙版納、臨滄，飛騰衝，上山，爬樹……大都會的象牙塔可以拋下，咖啡館的沉湎以後再想，接下來十年，我們全力以赴一個方向：大西南的如海蒼山——古老茶寨。

第一步功課就是跋山涉水，遍訪滇中、滇南和西區廣大茶山，採集代表茶寨的古樹茶標本，包括土樣、葉樣，詳細拍照，記載茶源，出處細到農戶，最好收到單一棵古樹的茶。希望一年年累積，形成系統。

在雲南各地尋覓古茶樹，蒐集單株茶的企劃由此而起，當初熱血沸騰，一路走來卻是艱難重重，其中遇到狂飆突起的古樹茶熱潮，更讓採集純料茶的堅持變得異常困難。

從驚喜、感動，到過程的困難、磨耗，吃苦耐勞都是基本，直至近乎咬牙切齒的執著、苦熬，有時覺得無論多少精力都不夠，古樹茶起飛帶來的巨變，人性扭曲，時時考驗你的理解力極限，你的情商極限，猶如一個巨磨，慢慢地把所有激情碾磨成意志，終得茶山十載。

幸好，我們第一年就全面鋪開：從寧洱的困鹿山，到西雙版納的易武，倚邦山大樹林；蠻磚的瓦竜，還踏上傳奇的革登山，進了眾人嚮往的老班章寨。

一年後，又向西北拓展，到了幾百公里外的臨滄、南美、冰島、昔歸寨……

如此廣泛涉足，並非有什麼神通，而是天時人和，也跟出發點有關，我們意在蒐集各山名寨的古樹茶範本，積累原始資料。覆蓋面廣才有意義。

直覺也告訴我們古茶樹的珍貴，蒐集的最好時間窗，也就這幾年。

當時走到各地村寨，茶農都張開手臂熱誠歡迎，茶款可以蓋房修宅，山頭上的古茶樹帶了你挑著採。

我們起步的二〇一〇年，眾多茶山還在沉寂之中，到處道路崎嶇，民風淳樸、好客。

二〇一二年春，臨滄的冰島寨，昔歸村水暖鴨先知，聲勢鵲起。到了一三年，古茶山炒作熱浪撲面而來，有的山頭，我們剛收了一、兩季茶，茶價就一飛沖天了。看著茶山貧困令人揪心，面對一夜暴富，錢潮洶湧，更讓人憂心。如狂風席捲大小茶寨，現金推動的古樹茶狂熱，產生了無數的副作用。

沒有誰能在茶價連年暴漲的洪流裡保持理性，何況貧困已久的茶農。

如果一家農院進來三個茶老闆互相叫價，再想蒐集純料古樹茶，就難上加難了。跟茶農關係再鐵，出高價也就維持一、二年，情誼早晚耗盡，後續就難了。

無論你出多少價，農民仍然希望老樹小樹茶一起賣。跟你越是兄弟，越會這樣想。

許多人以為，這時就拼錢了，其實，要拼的是有多愛古樹茶。鍥而不捨這句話，你能說多久？嘴上講講的就下山了，或開始混茶了。就算真愛，財務也還能支持，也要拼耐力，加上無窮的好脾氣。在版納的大部分茶寨，小樹茶還有臺地茶數量，都是當地古樹茶的幾倍，乃至十倍！而老茶樹、小茶樹常常混生一地，兩種鮮葉的差別細微，只有行家才能分別。

摻混小樹茶的風險每分鐘都有。

在臺灣茶界，恭稱茶師為「茶主人」，在山上堅守好茶，反而更要做得「茶奴隸」。

從頭到尾一刻不得鬆懈，從採摘、攤晾、殺青、晒乾，直到裝箱，都自己動手。在路上小旅館，睡覺也要放身邊，全程用可靠司機，上飛機也要帶著，茶箱當超重行李，隨飛機托運……

我們團隊五、六個人，整個茶季跑下來數千公里，那麼多寨子精挑細採，總共收穫二、三百公斤茶。別的茶老闆都笑我們太痴。

我們淡然，使命在身，古老茶樹乃世界瑰寶，人文奇蹟，花任何功夫都值得，殫精竭慮，也是自然。

這不算遠見，這算笨鳥先飛。

當然，這樣在品質上錙銖必較，早晚會得罪期望值越來越高的茶農兄弟，也是顯而易見的。

這些年茶山上高手不少，一山一寨，自有人採集更專精仔細。但連續多年，橫跨雲南四大茶區幾十個茶寨，蒐集大樹純料，哪怕一家只有幾斤，一棵樹幾百克散茶，也原汁原味保留，形成年份的譜系，同時拍攝數以萬計的專業圖片，蒐集枝葉、土樣標本……可能就沒什麼人在周圍出沒了。

這是一條艱辛之路，也是孤單之路，不是別人做不到，而是沒興趣。覺得這樣在每個寨子深挖是鑽牛角尖，得不償失。

我覺得蒐集古樹茶精益求精，鑽牛角尖是必然，這當中有偏愛，有偏執，甚至執迷不悟，沒有怎麼叫文人精神呢？

這也許要十幾年，甚至二十年後才看得到意義。

十幾二十年跨度，在經濟騰飛，一日千里的海峽兩岸，信的人不多。

我們遇到古茶樹如聞天籟，更得神佑幸運，見識一些曠世古樹之茶，這不是無緣無故的，我看它是天賦責任，不容半點差池。

幾年後，古樹茶熱潮狂飆，茶山上價格連翻數倍、數十倍，茶農暴富，大浪淘沙，再想入場就很難了。

開始，我們初生牛犢不怕虎，後來就靠認真和孜孜不倦變成識途之馬。等到茶山天翻地覆，團隊已完成一些茶寨積累，可以往深度發掘了。

二〇一四年，古茶山各地都創出了破紀錄的茶價。

我們守住普洱標竿——老班章的古樹茶，採集小葉極品的困鹿山單棵茶，同時目光轉向相對冷僻的北部和極西部茶區。

在無量山的景谷黃草壩匯合，我們找到令人振奮的、偉然的古老茶樹。

最後幾年大收穫，集中在西部保山茶區的幾個縣，尤其是高黎貢山腳下的騰衝古村，遺世獨立或成群的大茶樹深藏雲霧之中，鮮為人知，少有炒作。

感恩上天，無意間聽到的一句話，把我們千里迢迢帶去那裡，這本書裡超過三分之一古茶樹都來自這片「極邊之地」。

雲南茶山的地域廣袤，超過全臺灣面積。加上山路彎曲，從南部版納老六山，到最西邊的騰衝，驅車兩天，路途超過一千公里。踏遍雲南古茶山，合作的茶農數以百計。採集茶樣一年又一年，對古茶樹的認知越深，越明白不足，想要動筆寫書反而難了。

這十多年對古茶樹的執著，幾乎是一種信仰。

這是我的此生注定，雖然茶山奔波，經歷很多世態炎涼，以前從沒這麼深地捲入過滾滾紅塵，到處一波三折，甚至蒼涼，但我還是要說，這是大確幸。

讓我回頭一百次，還是要上茶山！

這本書以五十九棵大茶樹為題，一棵棵頂天立地，都是這大確幸的一部分。其分布在雲南四府九縣的千里山野上，有的隱身熱帶雨林，有的站在山崗高峯，暗藏在深谷，或平淡的農舍屋後，山溪水邊……在哪裡都風範卓然。

雖然久經摧殘，老枝崢嶸，往下紮根，往上發芽，百折不撓。

不是十年八年，而是數百年如一日。這樣的跨度，可以想像嗎？

人生短暫，一輩子幾十年，活到百歲就算人瑞，這些古茶樹的年齡別說千年，就算三、五百年，也來自明清兩朝，甚至直達遙遠的元宋……歷經無數苦難，自然風霜，還在年復一年，綻放新芽。

我十年前就寫過：有人採是珍貴茶葉，沒人採就是滿地落葉。

超然物外這句話，沒有更好的註解了。

有的樹一年四季照不到什麼陽光，依然貢獻，春天一來就吐出嫩芽。

錢來錢去，人慾橫流，它巋然不動，只會給予，落葉化成泥土，以後再來。

如此壯觀的輪迴，如此無聲無息。

跟五十九棵古樹的相遇，每棵都是傳奇，有的甚至驚心動魄。大部分守護多年，個別的僅一面之緣，無茶，仍然此生難忘。

還有茶樹，偶得其茶，未見真容，想方設法也見不到，自然沒法收錄此書。有的有緣，有的無緣。

書中的古樹身世各異，有的備受尊崇，號稱「樹王」，茶葉貴比黃金，有的坎坷，還有的結局悲慘，有兩棵已經永別。還有幾棵生死難卜，未來不知。

在騰衝可排入前三位的一棵參天茶樹，因長勢太高，第一次見到剛被農家修剪致殘，斷手斷腳，兩、三年衰敗而死。

另一棵更慘，在鄭山花椒林，有兩層樓高，葉色明亮淺黃，長勢非常健壯。二年後，被外來的建築工當做林中雜木用推土機鏟斷推倒，當地同事趕到現場，連茶樹主幹都很難辨認了。

景谷苦竹山，二〇一七年見到最大兩棵茶樹，枝禿葉落，靠輸液搶救。古樹命運多舛，讓人悵惘。

每年頭春，阿爾卑斯山上白雪消融，就想到收茶的季節來了。萬里迢迢，飛回亞洲，直奔崎嶇的茶山。

雲裡霧裡就看到古茶樹站在那，年年挺拔。它注視著你，不管你萬里之外而來，還是剛從隔壁村子來的。

上茶山的頭幾年，最愛爬樹採茶，還爬過倚邦山麻櫟樹寨的最高茶樹。那大樹高達十公尺，三五支粗幹，每根直聳雲天，山風一來搖晃不停，農民喊頭暈，換人再上，我還在樹頂採茶，太興奮了，顧不上頭暈。

這些年高樓住慣了，高樹沒爬過。忽得大自然恩寵，靠近藍天白雲，採下古茶樹的嫩芽，那是一片片天地精華，稀世的好茶。

我們做過什麼，可以這樣收穫？

爬在大樹上幾小時的陶醉，渾身被小蟲叮咬數百處，胸口紅腫一片，發燒，也不想吃消炎藥，怕影響試茶的口感。

那時，天天住在農家茅草屋做茶、晒茶，簡陋艱苦，每次上山都生病，依然樂此不疲。一年春秋二季，想到上茶山爬茶樹就興高采烈。

更艱鉅的是，在茶山被人圍著試茶，喝到頭暈想吐，都說古樹料，其實很多混茶、農殘。

一聽到別人講古樹茶，只能苦笑。

後來練成精了，不用喝，一出湯看黏稠感，就知道跟古樹有多遠了。

最後一次爬茶樹，是在騰衝壩外村，那裡有我們在保山的最大茶樹，巨高樹幹近十公尺。那天剛下雨，樹幹溼滑，我背相機上樹想拍下暮色氛圍，腳一滑從空中摔落，幸好最後抱到一根橫枝，才倖免受傷。

那時明白，再也不能爬大茶樹了。

這樣跟大山大樹廝混，摸爬滾打多年，我這個大都會文人，從拍攝世界之都，嗜好精緻設計，變成熱衷在雲南茶山攀爬，滿身泥土鑽進森林，尋覓古茶樹的野客。

到天黑，點了篝火煮茶喝，還在討教明天去哪個山頭繼續找古樹。

只能說，如痴如醉。

如今人在歐洲，茶山的痴迷依舊。

用鐵壺煮水沏茶，山林氣息撲鼻，思緒就跑去看蒼山雲海的古茶樹了。

坐在河邊咖啡座，遙望對岸哥德塔樓，會想到倚邦山大樹林的茅草屋頂，外面大雨裡面小雨，我們睡在屋頂晒棚裡，下面一角就是曹老奶奶的簡單床鋪，一塊硬板當床，一團薄薄的棉被取暖。

如此艱困，這位以前倚邦土司家的千金小姐，依然活得安詳，每天一早梳整頭髮，眼睛發亮，八十多歲還有照人的眼神。

想當年，她年少風華，山上山下，飛馬揚鞭，曾經何等風情。

現在就算虎落平陽，駝背了，人都站不直了，仍然不失風度，總是微笑著端詳上山的遠方來客、茶商。我們上山的時候，團隊裡雲南姑娘陪她講土話，老奶奶特別開心，有時還會拉開嗓子，唱一段梁祝〈十八相送〉的舊戲。

這樣的老人，真是讓人淚流、鞠躬。

在古茶山上最難捨難分的人就兩、三位，一是曼拱的高金保老爹，一是大樹林的曹奶奶。

她家的山頂上有一棵超高的老茶樹，十來公尺高的樹幹筆直上去，沒分枝，只有遙遠的頂上看到一層綠葉，飄在天空，只是仰望，我們從未採過上面的茶。

繼續仰望。

還有她家旁邊的二號小葉古茶樹。爬上去，樹叢裡滿是蛛網般的殘枝枯葉，但探出頭來，全樹披掛無數細密閃亮的碧玉茶芽。

大茶樹的深厚記憶，猶如天賜。任何距離無法改變。是緣分也是命。不知道何時修的？誰修的？認命就好。

十度春秋，茶山行程至少七、八萬公里，幾乎繞地球一圈了，回首往事如煙，有樹有人，無盡感恩。

一邊是山上的農民兄弟，長年累月相助，另一邊是從上海到臺北，遠至維也納，一眾支持讚許我們的茶友，海峽兩岸的事業夥伴，知己同仁，很多知音。

還有愛茶如痴，樂於奉獻的虹姐。

謝謝，沒有你們，這十年也許一事難成！

人，最難無我。

大樹如佛，一樹一世界，其中的深奧、廣大，就看我們有沒有那份安靜、悟性去感受了。

有時候它大慈大悲，風起雲湧。有時候心如鐵石，紋絲不動。

還是沒放下，才會想到分別。

活著的古老歲月——古茶樹

當地的定義：「古茶樹」是指天然林中的野生茶樹，半馴化的過渡型茶樹和人工栽培的百年古茶園喬木。一百年是最低門檻，大喬木是基本形態，本書中的茶樹大都有三到五百年樹齡，有的達六、七百年，個別的逾千年。茶樹年齡判斷很難，通常以樹圍和高度來估計，並不精準。肯定的是千年茶樹極罕見，茶山百里未必有一棵。號稱有成片千年古茶樹的，大都只是文宣的說法。幾十年樹齡的稱為「小樹茶」，更晚的梯田連排灌木茶，稱為「臺地茶」。

古茶樹的三種類型

野生型古茶樹：

指原始形態的茶樹，是所有茶樹的源頭，數百萬年自然生存競爭留下的，沒有人為干預。分布在雲南中部、西部高山區，耐寒，如無量山脈，還有坐擁千家寨野生茶王樹的哀勞山脈。長在峻嶺密林之中。樹形粗猛高聳，在森林中爭得陽光才能生存。初次看見的人很難跟茶樹聯想在一起。野生茶樹大都不適飲用，受保護，不得採摘。市場上宣稱的野生古樹茶，多半來自半野生過渡型茶樹。

過渡型（半野生半馴化）古茶樹：

由野生茶樹經人類的挑選、栽培，但還未完全馴化的茶樹，形態高大，樹冠收攏直立，高度可達八到十公尺，甚至更高，但樹形比純野生的茶樹溫和。它既有野生茶樹的花果種子形態特徵，又有栽培型茶樹的芽葉樹梢特點。保山昌寧地區所稱的「紅褲茶」、「綠褲茶」、「白褲茶」……皆屬此類。該類古茶樹分布地區還有保山的龍零、臨滄的鳳慶、永德大雪山等地。口味清香，茶味較淡，鮮葉量大，一棵巨樹春季可得數十公斤鮮葉，相對產量較高，很多被用來製作紅茶。

栽培型古茶樹：

在歷史長河中，經人類挑選，優化，已完全離開野生狀態的古茶樹。

這是普洱古樹茶的主力，人類祖先優選野茶樹的個體和性狀，經過無數代人的培育，推動基因變異，慢慢形成豐富的栽培型茶樹品種。本書中講述的大葉種和小葉種古茶樹，都屬於這一範疇。很多茶友只知大葉普洱，不知還有小葉種古樹，且更為珍稀。至於柳葉種、中葉種古樹，也屬於栽培型。在雲南，栽培古茶樹分布廣，西雙版納六大茶山，普洱和臨滄的知名茶寨，以及保山茶區處處可見。它們長在村落前後、山崗、谷地，獨立或密集成林，高度四到六公尺，極其雄偉的大樹高度可達十多公尺！此類古樹枝葉寬鬆，樹冠呈傘型，易於攀爬採摘。單棵鮮葉量少，僅是過渡型古樹的幾分之一。通常一棵古樹春茶採五、六公斤鮮葉，製成晒青乾茶約一公斤。少數可得兩、三公斤乾茶，還有的一年僅得幾百克茶。此類古樹的生茶滋味濃郁，持久回甘，廣受普洱茶友喜愛，茶價也最高。

雲南四大茶區的分布

雲南茶山崎嶇而廣闊，沿著漫長的瀾滄江兩岸山麓延伸，高山深谷，森林茂密。

最西邊的騰衝海拔最高，火山和溫泉密布，而南方西雙版納六大茶山則是熱帶雨林氣候，兩者相距車程超過一千公里！

普洱茶區：位於全省中部，乃普洱茶名稱來源，古有普洱府（今寧洱縣城），是王朝年代普洱貢茶的集散地。標誌性產地：寧洱困鹿山、瀾滄景邁山、邦威野生大茶樹、景谷苦竹山、黃草壩古茶樹群落等。

西雙版納茶區：處於南疆，熱帶雨林氣候，曾屬土司管轄，東鄰寮國、越南，是普洱古樹茶的主要產地。茶山以瀾滄江為界，江東勐臘縣，古六大茶山多在此地；江西勐海縣，有布朗山的老班章寨號稱普洱茶之王。

臨滄茶區：位於普洱茶區西北，峻嶺之間分布古老茶樹，屬於熱門的高調茶區，冰島老寨是第一名貴產地。鳳慶香竹菁茶王樹是世上最久的栽培型古茶樹，樹齡超過三千兩百年！勐庫大雪山、永德大雪山也是出名產地。

保山茶區：乃雲南最西端的低調茶區，海拔最高，產量較少。其昌寧、龍陵縣，有古茶樹群落，也有野生和過渡型茶樹。高黎貢山腳下的騰衝茶村，森林茂密，常見巍峨茶樹，以栽培型為主，茶味甘涼、酣暢。

PART 1

從思茅到無量山

九上困鹿山

不知道哪來的鴻福，第一次上古茶山，就是困鹿山。

過了這麼多年，經歷上百個古茶寨，此地還是我的兩大最愛之一。

困鹿山、倚邦山大樹林。

這麼說，雖然旗幟分明，但「最愛」兩個字一出口，也就有了分別心，自然還沒有悟透。

大樹林難放下，因為有念舊的人情，傳奇的茶山曹奶奶，還有曾經舉世無雙、大森林圍繞的古茶園環境。如此天造地設的茶山氛圍，多年後僅僅在騰衝澡塘村的山坡上經歷過，也只是類似。

要講小葉古樹茶的品質、茶氣，還有氣勢磅礴的小葉種古茶樹群，就非困鹿山不可了。

最終自然要放下分別心，看天下茶都是好茶。

目前，我離那個境界還遠。

十幾年前初探茶山，第一站便是思茅。在旅館閒著，找來當地發行的《普洱》雜誌翻閱，有篇短文提到寧洱深山一處祕地困鹿山，過去做貢茶，還有清兵守候山口，不讓外人入內。

這個外人，可能是指精明的漢人茶商。清朝直到雍正年間，漢人被禁止進入西雙版納的茶山，因為曾有過民族衝突，那裡屬於部落土司的轄地，就算改土歸流，封了倚邦山土司當朝官。六大茶山的茶要用馬幫拉到普洱府（現今寧洱縣城，漢人地區）才能交易。那時寧洱一帶各路人馬聚集，也是漢族商人出沒之地。

自古，茶人找茶都是無孔不入的。何況困鹿山的祕貢名聲。

二〇一〇年，這些似乎煙消雲散了，問了幾個人，都不知道困鹿山在哪。拐彎抹角拜託熟人找到當地龍頭茶公司的朋友，才允諾開車帶我們進山。

誰想這一去，就拉開了以後多年「泡茶山」的序幕。

對的，就像泡咖啡館一樣，在雲南泡茶山。

無數日夜，沉湎西南茶山和古樹之間，就像在歐洲讀書時浸潤在維也納的咖啡館裡。過去是人文情懷，這次是大自然的驚喜，同時飽受折磨。茶有多麼驚奇，受苦受罪就有多深。

茶，這行當水很深，林子很大。你要有天時地利，茶山人脈，熟悉茶農；還要有人知道你，欣賞你，如果自詡陽春白雪，也要有知音。

就算什麼都沒，拿得出有震撼力的好茶也行！初入門的人，怎麼可能？

誰會想到，這個可能在困鹿山發生了。

一個偶然訊息，把我帶上普洱茶山最傳奇，也是品質最高境界的山頭。就是古人所謂的「神品」。

雲南古樹茶山頭眾多，大都精彩，有些極致，比如我們紮根八年的班章，還有冰島也去過二年，都是極品。要說出神入化，就困鹿山。

這名字聽起來萬丈峭壁，鹿也難行。其實來自原住民語言的諧音，意為花朵盛開之谷，一進一出，差別很大。

山谷的入口很小，那時尚無標牌，不小心就錯過了。上坡的路很陡，連越野車開起來也吃力，爬坡過坑，崎嶇而行。

開著開著，就見前面一山村，還有遺棄的舊日學校，叫「寬宏」，明顯的漢人文化。不知道的人就此止步，以為到了困鹿山。

其實還遠，山路彎曲，還要繞上山坡好幾公里才到。

後來知道，山上有古茶樹的農戶很多住寬宏村，為圖方便，自稱寬宏人，住山上小村的才叫困鹿山人。

那年困鹿山本村的古樹茶，幾百人民幣一公斤，也沒人敢要，覺得太貴。

當地農人的房子老舊，泥壘的矮牆，農人穿著儉樸，有的一身土布衫還帶破洞，忙，也顧不上補。

男人女人臉上大汗，就用泥手一抹。

這個中國鄉下隨處可見的偏僻小村，看不出一點坐擁歷史瑰寶，幾年後會飛黃騰達的樣子。

到二〇一八年春，此地大茶樹採下的鮮葉就要八千人民幣一公斤，在樹下秤了賣，還要爭搶。

二〇一〇年沒人這樣作夢，村裡有幾棵大茶樹的男人，還娶不起老婆。

初到那年，山上就如此簡樸。越野車開到山谷盡頭，一個悠然小村，十來戶人家，背靠大山，農舍土屋前的茅草叢中，赫然站著一排排綿延不斷的古老茶樹。

這些茶樹大都是葉片纖細、微小的小葉古樹，讓人歡呼。

昔日隱密的貢茶茶園，三面山巒圍攏，一面望向開揚的遠山。這裡是山谷盡頭，萬籟俱靜，旖旎的森林，氣場凝聚。好風水，古樹又大，當然出無上好茶。

好到什麼地步，你要一品再品，才能體會。

第一道茶上來，原汁原味農家茶，煙火氣大，茶湯有些混濁，用農家做菜鐵鍋殺青，很多人不敢喝。但一道道泡下去，就金黃透亮起來，英雄就是英雄，大山大樹的本色就跑出來了。

如果碰上小葉種古樹，你的福氣更大。在古樹茶乾坤裡一步登天。

在茶圈子，門道資歷都管用，也沒用，最硬是手裡有極品茶，哪怕一泡，就沒人小看你了。

有的人，摸索普洱茶十年八年，也沒喝過這等好茶，一上山就如此口福，能不感恩嗎？

當然，還要起碼的耐心，泡好幾道，農家煙火、雜味都退去了，好茶才冒出頭來，很多人只喝一泡，皺皺眉頭倒掉，就此錯過了。也有人覺得農家要三百塊一公斤，是漫天喊價，那年頭有的茶山才幾十塊一公斤。

不知道什麼原因，村裡薛王正家還留下一袋茶，別家小葉古樹茶早賣完了，薛家的茶不算最細葉，但絕對大古樹氣韻，茶氣開闊，三、五道以後，讓你有酣暢奔放之感，茶味的苦還沒散，香氣就冉冉升起，透徹腦門，有一種冰涼犀利的回甘。

多年後，古樹茶喝出心得，就懂了，喝到舌面苦涼的普洱生茶，便是上品好茶。

那時無經驗，但感覺對頭，知道遇見真神。

薛家的茶都抱走，約二公斤，還留些到今天，懂的人一喝，就刮目相看，有的門就此打開。

還有人跟你直白，他不碰這樣的茶。是好茶，但不是商品，沒量，沒好的價錢，無法做。

這只是源頭的精華，沒人拿這種茶出來賣，而我們找的就是如此出處正宗，不摻不混的源頭茶。

十年奔波，我最感恩的茶山是困鹿山，最感恩的人是倚邦大樹林的曹老奶奶，曼拱的高老爹，還有那位在易武茶號留下一句傳言的騰衝人，他說在老家機場出來，滿山都是臉盆粗的茶樹。

此話雖是虛言，但想像力一下被點燃了。後來，我們在騰衝地域跋涉多年，還真的找到許多參天古茶樹，上千年的都有。

范紅林家的細葉古樹

二〇一一年春，我們上困鹿山收茶，落腳點就在薛家。

他家地方小，住不下團隊的六、七個人，一部分人去了其他農家。

那年春天，山上的客人多了，認真收茶的很少，大部分來晃晃，拍幾張照。村口農民的初製所裡，一大早就喝得半醉的小夥子，號稱手上有二噸的當地古樹茶。

我們聽了笑笑，這小村總共就幾百公斤純料的古樹春茶。還要分到整個春季，一下子採不到的。再說任何人也沒能力，收攏全村人家古樹料，有的早包出去了，有的就地喊價，價高者得，能找到三、五家較踏實的農戶合作，就算幸運了。

困鹿山是我最早到的茶山，也是最快感受商業大潮的寨子之一，覺察茶農的心態改變，合作會一年比一年艱鉅。

二〇一二年春，情形還好，農民仍然很高興我們上山。

那年，我們開始專注此村的小葉種古樹，特別是極細小葉的茶樹，因為有了倚邦山的經驗，可以橫向比較。那種鮮葉只有指甲大小的古茶樹，除了倚邦山的頂尖茶寨，哪都看不到。

在倚邦山，小葉古茶樹也不是連排的，更沒這麼古老高大。

小葉種的茶樹，能長到身形高聳，直追大葉種古樹的高度，樹冠壯闊，就奇了。

薛家有三、四棵樹圍可觀的大茶樹，但沒有小葉種的樹。

他家一出門，右手有一棵枝幹蒼勁，樹皮老邁，小葉密集的古茶樹。這是鄰居范紅林家的茶樹．正好發了一些春芽，恰好採摘的時候。

薛家媳婦很有把握可以搞定主人，就帶著我們上樹了。

此茶樹的年歲一定不小，約有二、三層樓的高度，樹幹的老皮乾燥開裂，主幹當中還裂成一個大窟窿，樹身都空了，似乎全靠厚實的樹皮支撐，但樹體穩定，上去幾個人也不晃。

採了一半，范紅林來了，一個六、七十歲的農婦，有精明的眼神。

「你們喜歡細葉茶啊，我媳婦還有一棵更小葉的，在前面，你們自己找她。我這棵今年發得不好，明年來還給你們採了。」

范紅林看出我們是很認真的買家，所以慷慨承諾。小茶村丁點大，來了什麼客，大家都知道。

接下來的二、三年，我們真的連續收到這株小葉古樹的單棵茶。連帶著，長在隔壁的她家一棵大葉種古茶樹也收了，後來她媳婦家極端細葉的古樹也收到了。在困鹿山就這樣一環套一環，親戚套親戚，前後收到了近二、三十棵的單棵古樹茶。

最後，小村前那片最經典的古茶樹林，最有特色的大茶樹十有八九都接觸過，親手採收過其茶葉。

絕大部分是細葉和極細葉的古樹。

范紅林家這棵，是我們上去採摘的第一棵困鹿山小葉種古茶樹。

范老太的極細葉古茶樹

第一次上困鹿山，就見這位面容乾瘦，很會爬樹的范老太，鑽在那棵出名的細葉茶王樹的樹頂上，在枝葉間探出頭來，只記得她突起的顴骨，眼睛深陷，一笑就很多皺紋。

她嘻嘻哈哈在樹上逗樂，問想不想買她的茶。其實，那棵大樹當時是她兒子包租的，早就答應給別人了。

第二年，跟她去家裡喝過茶。

說是家裡，其實就一個草棚子，三面敞開，風雨難遮。她和身體虛弱的老公兩個守在這裡，替兒子採茶做茶。基本是老太的活，老公身體不行，只能抽菸，平地走路都會喘。

老太太就風裡雨裡太陽裡，上坡上樹，忙個不停，純粹一個勤奮標竿。在寨裡沒見過一個茶農，像她一樣連續不斷地爬在不同茶樹上，總是無休無止地採茶。

她兒子包了村裡許多大樹，自己很少上山，只來拿茶，老人也不會隨便賣。老人過日子不容易，老伴還要看病，好在山上吃喝都靠自己，不要太多的開銷。

每次上山都去看她，慢慢知道根底，有幾棵樹是老人家可支配的，收過她一些小葉茶。直到二〇一四年，才有機會跟著她一起現場採摘，收穫鮮葉，製作了這棵極細葉古茶樹的單株茶。

那時還不知道，這棵樹後來有被封王稱后的一天。

當時在困鹿山，我們熟悉的農戶越來越多，定點了二十多株古樹，特別是極細葉品種的老茶樹，組織人採摘鮮葉，自己製作。

那天路過老太家那棵極細葉的古茶樹，看到芽苞綻放，實在難得，上山多年才遇到一次，趕緊去找范老太商議，她一口答應，挎了採鮮葉布袋就上樹，現採。

一八八七年法國畫家路易・德拉波描繪的普洱府城景

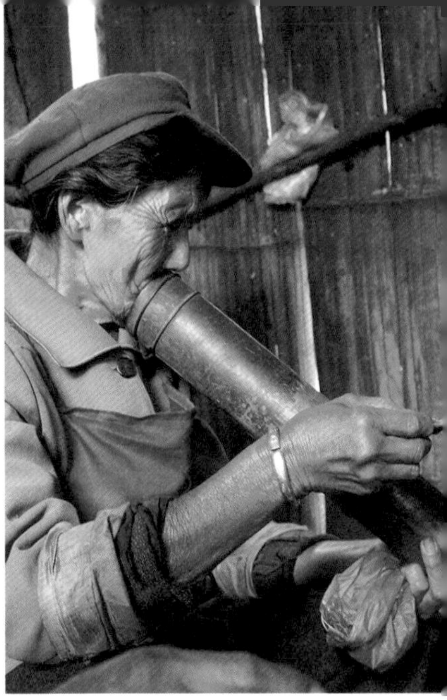

這棵算是困鹿山最小葉的古茶樹，成熟葉寬度不到兩公分，長度四公分，細長條型，芽尖窄緊如梭，單棵樹的茶極稀少，而且只此一回。

此時的困鹿山已非常搶手，如此珍奇的古樹，做到一次是一次，誰也無法給你保證，簽合約也沒用。

要上山的時間準確，大樹正好發芽，才有可能。還要當場守在樹下，鮮葉帶走，自己動手殺青、攤晒，守到乾透，打包裝箱。得來不容易，任何環節都不能大意。

這年，困鹿山的細葉古茶樹受到眾人追捧，鮮葉漲到上千塊人民幣一公斤。數年後跳升到七、八千塊一公斤。這棵極小葉古茶樹的採摘權更是要拍賣的天價。

范老太家的細葉古樹，僅有五、六公尺的高度，但枝葉一層層橫向盤結，非常密集，整棵樹猶如塔型的巨大盆景。其實，並沒有人為的壓抑和曲折，就是天生的盤繞緊湊。其樹葉則是細小繁密，無數密集的細微翠綠，當屬小葉品種之極端。

整個困鹿山，我們只找到了兩棵葉片如此細小的古茶樹。

這棵樹的葉最小，但有厚度和彈性。另一棵是范紅林媳婦家的，葉型微寬，但整個樹身高眺，猶如要跟旁邊巨大的大葉古茶樹爭陽光，完全另一種風貌。

薛松家的細葉樹

薛家的高大茶樹以前經常見到，但沒採到過。也不知主人是誰，問誰都不說。小村的人不喜歡提下面寬宏人擁有的古樹，倒過來也一樣。

二〇一四年，我們住在寬宏李慶能家的土屋裡，認識了他的鄰居薛松和他爸爸。講起來，才知道在山上小村岔路口的那棵細葉古茶樹是他家的。

「當然給你們採，聽說你們來好幾年了。」主人薛松很直爽，主婦也熱情勤快。由此發展出一段友誼，後來連續兩三季做茶，都用他家的院子殺青和攤晒。他在院裡蓋了茶房，支了一口大的炒茶鍋，殺青可以控制更好，也擺脫了在農家廚房做茶煙燻火烤的影響。

每次去古茶園採茶，誰家的大樹，先後採摘的安排，上樹的採工，也委託他來協調。這樣，我們約好在山上集中發芽的時候上去，幾天時間，就能採到二、三十棵大古樹的鮮葉。困鹿山的大株古茶樹加在一起也就百棵左右。

頭春，我們在山上收四、五天的鮮葉，能採的大古樹都採了一圈，一撥下來僅得三十公斤左右乾茶。別的人再來，起碼要等一週後才有大樹的鮮葉可採。困鹿山的量就這麼稀少珍貴。

薛松家的細葉古茶樹，樹身伸展很高，很優美，枝幹從容不迫，迎風搖曳，葉子在陽光中透出明亮的嫩綠，遠看高大挺拔的一棵，走近了全是細嫩和緊緻的芽葉。

薛松從樹上下來，他的鮮葉袋比別人採二棵樹的都飽滿，沉甸甸的。這棵細葉大樹的茶量不少，春季可採兩次，得二公斤多乾茶。這在小葉品種的古樹罕見，說明它長勢正旺。

口味一喝就是正點的困鹿山，迷人的柔柔香氣繚繞著、繚繞著，就變成了直沁心脾的茶氣，後背發汗，酣暢淋漓。

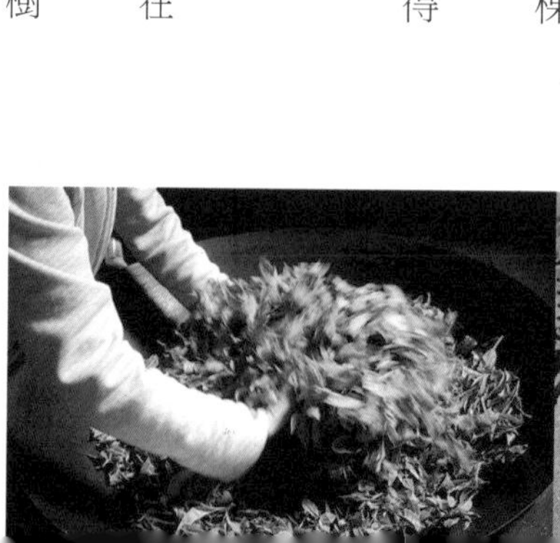

李慶能的中葉大樹

在雲南見過的最漂亮古樹之一，樹幹走勢極美，如凌空的毛筆一揮而就。「瀟灑」兩個字，寫在空氣裡。主線條堅挺遒勁，大筆潑墨，細看姿態卻是飄逸的。它的樹身在約二公尺高處分出一根橫向大幹，彎繞上去二、三公尺又一個橫枝，形成兩、三層參差的橫向主幹，一層層疊架，配上滿枝閃爍的鮮芽，非常好看。特別是當主人夫婦在大樹高處採茶，各自攀爬，行走如履平地，同時上下招呼、談笑的時候，畫面絕美。

跟這棵樹緣分也深，在山上小村，我早注意到其完美樹形，在暮色中的剪影迷人。問了小村農戶，都不說主人是誰。後來偶遇寬宏村上來的茶農李崇武兄弟，才知山上許多古樹的主人住在下面寬宏，只有大茶樹發芽的時候，他們才上山採茶。以前，這些古樹大都承包給別的茶商，任其採收製作。現在茶價好了，大家都願動手自己採摘，自行銷售了。這棵樹的主人叫李慶能，跟崇武兄弟關係很鐵，他們拍了胸脯，明天就拉主人上山，把鮮葉採了秤給我們。

第二天大清早，去看茶樹的時候，李慶能夫婦已趕上山來，上樹採鮮葉了。多年後還記得，在旭日照耀的大樹上下，跟他們夫婦聊天的情景。

兩人都是矮個子，典型木訥老實的農民，在大樹上卻神態輕鬆自如。一上一下，齊頭並進，採茶姿態時而輕飄，時而堅穩，宛如茶樹之舞，這場景從沒見過。後來我也忍不住爬上古樹，加入採茶，雖無法輕鬆如舞，也樂在其中。

這棵大樹不屬於小葉種，葉片為中葉偏大，新芽柔韌有勁，滿枝盛放，全樹的神氣高昂，一看就長勢旺盛蓬勃，不需要任何擔心。

它代表困鹿山的某種韻味，大氣沉穩，有特別的清純之香。如果說，困鹿山的茶大都雲霧繚繞的氣質，這棵樹的茶就是陽光燦爛，其清香和強烈茶勁組合，讓人很難忘記。

李慶能家，是我們最早認識住寬宏的困鹿山茶農。後來，有幸採收到寬宏農戶數十棵在山上的古茶樹，這棵樹也連續收了四個茶季。

貢茶茶王樹

這棵古樹號稱困鹿山的貢茶樹王，面前放了供奉的石頭香爐，是所有人上山的心儀目標。

我們上來頭一天，就仰視這棵大茶樹了，第一次看到范老太，正是爬在這棵樹頂上採茶。這棵巨樹高遙地站在第一排茶樹的開端，大氣凜然，誰來都只能拍拍照而已。

後來摸清楚了，它也屬於住在寬宏的一對兄弟，一直都以各種形式預包給人家採收，每年鮮葉的爭搶很激烈，名氣太大了。

我們欣賞就好，順其自然，在茶山待久了，學會這點很重要。

到了二〇一五年，薛松前來告訴我們，今年有機會可以採到這棵大茶樹。自然喜出望外，雖然我們一直不追求最大棵、最古老的樹齡等等，只看有緣，但這次可能也是一緣。

主人兄弟親自上樹，幫我們採鮮葉，小心翼翼好幾個小時才完工。他們是神情嚴肅而有點矜持的茶農，畢竟家有貢茶樹王啊。下樹的時候，弟弟遞過來一包鮮葉，彷彿交給你一袋無價之寶。抱著它鮮嫩的細小芽葉，很神奇的感覺，彷彿和天地悠悠有了某種連結，上千年的神奇小葉種古茶樹，可能全普洱也沒幾棵了。

這麼大的古茶樹上下遍採，也僅得三、四公斤鮮葉，做出來一公斤乾茶不到，這就是小葉種古茶樹的特質，格外稀罕。

回頭再看這棵古樹，樹冠巍巍，幾乎看不到樹頂。沒了鮮綠嫩芽，蓬鬆的樹冠顯得更為高聳遙遠了。貼著大樹主幹仰望，只見它高聳的枝幹直指雲天，分叉組合、飄浮交錯、枝葉盤結，猶如空中一閣。這棵茶樹太老了，天然任其生長，就不會發那麼多的新芽。

要感恩天地，給我們留下這樣一棵奇偉的大茶樹。這樣的茶葉，如何捨得品嘗，一再想過，要等幾個最要好的茶友聚在一起，泡上一泡，好好感受。但一直沒有聚成，此茶也就從來沒動過。留給後人了。

魯家大樹

魯家的茶樹不算高聳，遠看就一大蓬豐圓結實的樹身，爬到樹冠裡面，才知體積碩大，從這頭爬到那頭，要費點氣力。

在這棵樹的深厚體魄之間，再次領悟，每棵古茶樹都是一個深奧的生命。最高、最大，或最古老，當然有意義，但也不是絕對的。

困鹿山小村前的古茶樹林，面積不大，集聚至少七、八十棵古老茶樹，多為小葉古樹，場面壯觀。如此場面，在別的茶山少見，老班章古樹更多，但分布在綿延的幾個山坡上，著名冰島寨還是老村落時，農民房前房後茶樹不少，也沒這樣集中成片。長在高山森林裡的野生種古茶樹群，則是另一回事。

困鹿山背後的森林也有野生茶樹和過渡型茶樹，而栽培型古樹則集中在小村前的原野上。

別以為栽培的古樹就較年輕，野生或栽培型只是樹種分類，兩者都有年輕有古老的。

滇緬山區是茶樹發源地，人類培植茶種的歷史久遠，雲南最老的栽培型茶樹有三千多年歷史。

在困鹿山原野上，土路另一邊的窪子裡，茶樹不同，氣韻各異，內行出的價也不一樣。只有村前這片茶樹，公認是困鹿山的正宗。

站在古茶樹林中，放眼望去，一個世紀一個世紀的歲月在面前展開，每棵大茶樹都各有滄桑坎坷，淋漓盡致地寫在千奇百怪的樹形姿態上。

有的老態龍鍾，滿頭枯枝，僅僅吐出幾根嫩芽；有的生氣煥發，滿樹翠綠；有的高聳瘦削，樹冠如一朵雲；有的偉然，幾個人爬上去都看不見。

很多都是小葉細密，玲瓏剔透，圓圓的如古椿盆景。旁邊則猛然一棵頂天立地的大葉種茶樹。

魯家大樹，按成熟葉尺寸屬大葉種，但葉形近似柳葉，茶芽多而嫩，做出乾茶細捲，又似小葉種一般。這樣的樹種在當今困鹿山不是最被珍惜的命，古代時候怎樣，不知道。

它不管這個，也不管清朝、民國，或者改革年代，自顧自地長出粗大枝幹，把身形撐得肥壯寬碩，樹根深入富饒的沃土。

上有充足日照，下面深入紮根，活得自在，四周都是蓬蓬茅草和灌木，很難靠近，我們喜愛它自然而凌亂的形態，看樹幹的斑駁和枝葉，樹齡也很可觀了。

這棵大樹我們收過幾季，最初是直接找魯家主人，他住在樹後面的土屋，那時生活仍艱難，但他天性樂觀，嘻嘻哈哈的。

在他的灶房，看到讓人心酸的簡樸，再看那些彎曲發亮的茶葉，有時想人活得不如大樹啊。

我爬過魯家大樹多次，比採小葉古茶樹容易，量也多，樹枝橫叉，可站可坐，連採三個小時也熬得住。

我們的速度，二、三人採一天才完成，農民上來，唰唰唰半天完工了。大概鮮葉四、五公斤，乾茶一公斤多。如果像易武那樣打枝修剪，精緻維護，可能茶量會多一倍，但如此自然野趣，茶質也好。口感是寬厚的潤、香甜，有種沉得住氣，可屏息很久的安靜力量。

後來，這棵樹包給寬宏一個精明茶農，採價數倍，我們還是收了一年他採的鮮葉，知道跟這棵樹的緣分就此結束。

我們仍然感恩，知足。

跟一棵大茶樹告別，有時像跟一位長者先知告別；有時候又像跟一個巨人，一個年齡上無法靠近的歲月巨人告別。

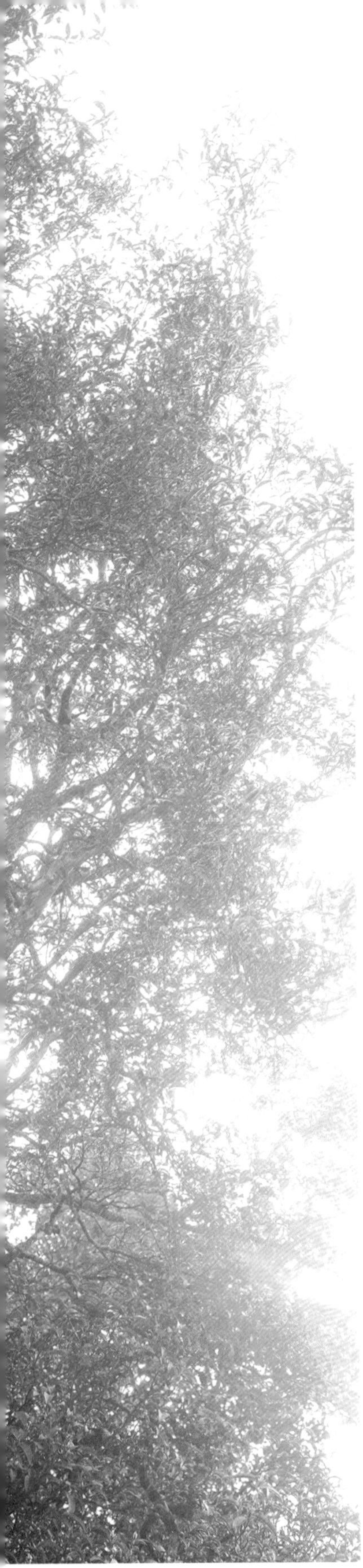

李家兩棵小葉種高樹

這兩棵茶樹遠看不知道，跟其他樹長成了濃密一片，近看一震，太高了。往上眺望，好不容易找到隱身在樹冠裡採茶聊天的茶農，可能更會一驚。他站在三層樓高的位置，離樹頂還有一截，旁邊主幹上，另一位採茶的農婦爬得更高更輕鬆。

採茶這活，女人比男人強，上年紀的農家老媽媽最強。

這麼高的小葉種茶樹，連續二棵，再過去還有胡忠誠家的二棵，也很高，看它們的樹冠互相齊肩地連在一起了，從樹下望上去，彼此在風中搖晃呼應，呼啦啦一大片，真是壯觀。

困鹿山的確了不得。

兩棵茶樹葉子茂密，農婦無論爬多高，都輕鬆盤坐在濃密的綠葉中，跟隔壁樹上的農人連說帶笑地逗樂，十分從容。兩棵樹的枝葉交叉，農婦自然而然把鮮葉採在一起了，這叫隨緣。

隔壁胡忠誠家的兩棵我們也收了，做攏在一起，才得一公斤左右。

絕對小葉種清香滋潤，茶氣高，很昂揚。但茶湯入腹，會覺得全身舒暢放鬆，有的人馬上想睡。

困鹿山的古樹茶，特別是小葉品種，除了奇香好喝，還有這種說不清的舒暢、緩和感覺，特別是對情緒長期緊張，容易失眠的人，時有奇效。

另一種有此奇特放鬆感的，是來自臨滄冰島的古樹茶。

李應春極細葉古茶樹

困鹿山一眾古茶樹中，我們找到兩棵最細葉的茶樹，不像其他樹那般高大，但綠葉青嫩，枝節盤錯，猶如亙古傳留的盆景古椿。

上面的細芽發出來，宛如輕輕浮動的新綠，飄在早晨空氣裡。

這兩棵茶樹，我們有幸蒐集，緣分各異。

遇到范老太那棵，似乎偶然，也是認識老人家好幾年的自然結果。

這一棵屬於范紅林的媳婦李應春，收了她婆婆的古樹茶就留下伏筆，幾番功夫，經過老人家穿針引線，說動了主人首肯，把一年收成交給我們。

小葉，也真是小到極點，芽葉如細長圓瓣，一年的成熟葉寬度僅僅二點三公分，長度六公分。在困鹿山排第二位。細葉樹枝飛舞纏繞，樹冠像鏤空的，如飄浮的藤條布滿細芽。

這一年的困鹿山，大紫大紅的端倪已滿山可見，這一點從我們很熟的李崇武兄弟滿臉微笑就看得出來，所有小葉種的古樹都被很多人盯得緊緊的。李迎春的樹又長在路邊，位置醒目，顏色亮麗、迷人。

雖然旁邊就是一棵身形巍然聳立的大葉種古茶樹，她也絲毫不遑多讓，亭亭玉立的樹姿，伸展自如，一身細葉細芽，十分飄逸。

跟一旁大葉古茶樹的豪邁形成有趣的呼應對比。

她的芽葉美極了，小巧玲瓏，每年春季、秋季上山，都會拍攝晨光裡的茶芽，剔透如雕塑。如果不是她婆婆倡議，從沒想過有一天真會收到這棵樹的鮮葉，讓人想到大珠小珠落玉盤之美。雖然也有在嘗試，但收茶這件事，光努力沒有用，光出高價也沒用，一山更比一山高，最後成事在天，全看緣分。

緣分，這兩個字還要齊全。

這不是玄學，收茶的事跟人生很多命題一樣，要有機緣人和，有連結，還要時間點的契合。這是講古樹茶，跟平常的做茶無關。平常是講規律，有耕種有收穫。收古樹茶，更像開採大自然的珍貴礦藏，天地精華，世上罕有。

不是光靠錢，有人，有努力，就做得到的。

對我們，收茶就像做功課，要花心血，學無止境。做茶，首先是做人。還要感恩早期遇到的所有農民朋友，他們的艱難貧困對我們也是功課。

這棵樹的茶極少，採一次僅數百克，別說喝，就連捧在手裡都小心翼翼，太美了。

寬宏楊家苦樹

在海拔較低的寬宏村，也有個別的古茶樹，外人只知村旁山坡開墾的臺地茶。寬宏的老樹茶價，遠低於山上小村，雖然在山上有古樹的茶農大半住在此村。山上的茶才是困鹿山的正宗，寬宏本村的茶不算。

那天坐在薛松家晒茶聊天，村裡一個目光明亮，穿著清爽的婦女拎來了一包茶。「你嘗嘗。」黑亮亮的乾茶，跟山上小村的茶葉不同，細喝驀然一驚，只想再喝第二口，衝擊感太強了。苦啊，且是深長的苦，茶力直徹心肺，像一隻大手將你高高擎起，你是飄飄然的，心裡卻深深沉淪，一時只有震駭驚奇，不知說什麼，也不想說什麼。

這哪是強勁的茶，根本就是上好的藥。寬宏的老茶樹，讓我刮目相看，後來才知這麼稀奇，苦濃之茶，只有這棵樹，就長在她家宅院裡。不管她開什麼價，我們都要了她的茶。

後來拜訪了農婦的家，準確說，是去拜訪這奇妙的苦茶老樹，表示敬意。

茶樹不大，長得方位奇特，根植在農院一側下坡的溝壑裡，兩根碗口粗的樹幹直直升上來，黑黑的樹皮，一直到農家灶房的屋頂上才分叉。此樹長勢奇崛，並非讓人一眼起敬的大茶樹，做出來的茶卻如此遒勁，苦字當頭，化出一種讓人雀躍、沉湎的魔力，神清氣爽，幾乎一種凌雲之感。

一款茶能讓人感受如此境界，真是大自然造化，鬼斧神工。什麼茶種，不知道，全山上下就這一棵，茶樹有多老，也不知道，也不重要。古茶樹之不可貌相，再得見證。它飽經歲月滄桑，根底深厚，承接天地能量，春華秋實，深不可測。

茶山走多了，體會最深的就是敬畏。什麼叫好茶，一個「好」字永無止境啊！

我們跟這棵奇樹有緣，連得兩季好茶，每季一公斤左右。據說我們的推崇，助長寬宏的古樹茶價飛揚。再後來，農婦無奈地說，沒辦法，她女兒在外做茶，此樹名聲傳開，茶被人硬要走了。

這事，我們是始作俑者。推崇一棵茶樹，結果常常就收不到茶了，這是茶山鐵律，任何極致的茶，都不可能長遠屬於誰。

這也是分享的一種，我們仍然樂此不疲。講到底，誰收到茶都好。做茶，猶如修行。

景谷・黃草壩春曉

去黃草壩路上，有一個風景壯觀之處，叫「匯合」，只有幾戶人家。

站在山坡高處，雲來霧去，前面是峽谷，群山洶湧，剛剛還豔陽遍野，瞬間就山霧彌漫，幾公尺外的大樹也看不見了。

天上人間，此地若有古樹，當為頂尖之茶。後來奇了，再過此地，進入小寨探尋，還真的找到古樹好茶。

在普洱地區的無量山脈，困鹿山是我們的古茶山入門，而踏上其東北幾十公里外的景谷黃草壩，已是七、八年之後了。

這幾年，我們深入六大茶山各寨，紮根老班章，臨滄山頭也跑了幾年，更西邊昌寧、龍陵、騰衝茶山一一熟識。茶山跋涉數萬公里。往返雲南西端和南部途中，一再落腳景谷縣城，就是沒下決心，拐進小路，再往深谷裡面進去。

直到二〇一七年春，拿定主意，該去看看黃草壩了。

從景谷出發，到困鹿山腳下的正興鄉，往相反方向進山，全是盤山路，艱難而行，坐過山車也習慣了，只覺得顛簸而已。

後來看照片，彎彎山路無盡地掛在大山上，像一根飄忽的細繩，伸延在雲裡霧裡，還是有點懸的。

還好自己不開車，沒感覺。

黃草壩，位於山谷盡頭，地勢平緩下來，看海拔仍有一千八、九百公尺，暮靄中的黃草壩亮起點點的燈火。

山谷在此收尾，後面漸漸升起高隆山丘，再後面是一面大山，那雲煙山梁的背後便是鎮遠縣了。

我們茶友迷戀的，奇香的老海塘茶，就出自山背後的鎮遠田壩鄉，有名的茶山箐也在山後，相隔不遠，但無路相通。

這山望那山，在不算遙遠的清代，都是綿延的茶山。

黃草壩歷史古老，沿坡而居，分開外寨和以寨，舊時住著王家、董家和楊家三大姓，很多人家都是親戚。

我們落腳的外寨楊家，主人一臉黝黑，滿額皺紋，但眼神有些深沉，思路敏捷，祖上也許是讀書人。黃草壩曾是邊塞，山高皇帝遠，史上有內地家族逃亡來此，自然有書香門第後人。

黃草壩老茶樹眾多，因偏遠價低，吸引不少茶商設點，山上山下翻騰多遍，沒弄出什麼品牌，但古樹茶流出去很多，不少都被混了別處的有名山頭在賣。

以寨的茶樹以大葉種為主，部分為清末民國初年種下，傳說還有乾隆年間的。外寨古茶樹以小葉種為主，跟困鹿山遙相呼應，一脈相承之感。此寨不少人，有姻親在困鹿山上。

以前幾十年，兩寨都貧困僻塞，就互相結親。如今，兩寨皆因古茶樹而紅，一個紅到發紫，一飛衝天。一個小有名氣，猶如天剛朦朦亮，一些人家脫貧，另一些人開始造房買車。

眾多茶商在前，我們到黃草壩沒什麼預設。只想在楊家紮營，認識本地古樹，收點標準樣品，豐富自己的收藏。楊家古茶樹成片，雖無巨樹，但棵棵蒼勁，作為此寨代表足矣。

茶山上的事出人意料。沒有預期，反而驚喜連連。

早上去看老楊家茶林，旁邊就高高聳起兩棵全寨數一數二的古茶樹。一棵還是小葉種的，嫩綠的樹冠寬闊。另一棵是過渡型野生古茶樹，深綠的樹冠格外雄壯，直插天空。

而且，兩棵剛好滿枝嫩芽，正在採收的最佳點。

主人恰好在現場，農家主婦正在樹上採茶。

再次而且！兩棵大樹的鮮葉花落誰家，還沒拍板？合約到期，主人想換買家，還沒談攏，但大樹已發芽，非採不可了。

這時候，偏偏站在樹下的就是我們，只能感恩上天眷顧。

在茶山上，我們屬於少數極端偏執的古樹尋覓者，在雲南全境翻山越嶺找茶樹，蒐集標本茶，哪怕聽到一句古茶樹的傳聞，都會不遠千里去尋找。此刻，兩棵氣勢磅礴的大茶樹矗立眼前，喜從天降。農婦打手機叫老公從鄉裡回來，村裡再找兩短工，兩棵樹一天採完。

早一天來，或許沒碰到人，晚一天肯定就沒鮮葉了。

誰會想到二〇一七年春天，黃草壩還有令人嘆為觀止的大茶樹在等著我們！近乎傳奇了，它們不是在等我們，而是在等待著，進入某種有形無形的茶山史話。

沒有我們，也會有別人這樣做。給它們的名稱簡單有力：黃草壩一號大樹、黃草壩二號大樹。

黃草壩一號大茶樹

這棵大樹讓人想到兩個形容：一是威猛，二是大好年華。

威猛是其精神狀態，它直上直下的高大樹形，拔地而起，不拐彎抹角，三、四根大樹幹合攏，抱成一團，插入天空。這樣的樹形充滿大地力量感，一點看不到蒼老，無法想像幾百年樹齡了，反而想到活力四迸的金色年華。

樹幹的皮也是光滑的，充滿漿汁的感覺，皺紋都在樹根部，每一片樹葉都是飽滿的，厚實有力的深沉之綠，小小的橢圓形，彈性十足。在在是年輕、旺盛的感覺。

只有到了充滿蹉跎感的樹根部分，看到挫傷、斷缺，才感受到這棵茶樹的漫長歲月，一路走來，風塵僕僕。

本地的茶商，有的認為這種橢圓中葉的大茶樹，是雲南大理那邊過渡型野生茶樹的變種。

它的本源可能比大葉種茶樹更為古遠。

我們在西部臨滄，保山茶山有些經驗，特別在昌寧，龍陵茶山接觸了許多過渡型古茶樹，也就是那邊人常說的「紅褲茶」、「綠褲茶」的茶種，還有的叫「白褲茶」。

都是在野生型和栽培型古樹之間的過渡型古茶樹。

這種樹的主幹直立高聳，有的樹幹周長可達三、四公尺，樹高達十五公尺以上，大都生長在森林裡，也有的站立在田園之中，村舍周圍，遠看很是壯觀。

栽培型的茶樹罕見這般雄壯，就算有高度，也很難達到它的氣勢，可能也是未消退的野性所在。

而栽培型古樹的優選方向，肯定不想強化野生茶樹的高聳本性，因為不利採摘。

過渡型茶樹的身形碩大，發芽多，出茶量驚人，有的大樹鮮葉採二十斤，乾茶有三、五公斤。

栽培型的古茶樹滋味迷人，產量較低。再大棵的，樹冠極豐盛，也就兩、三公斤乾茶。

一號大樹的高度可觀，採摘不易，上端樹枝抱攏，難於攀爬，無數新芽卻很難入手。

跟它相鄰的二號樹，小葉種的栽培型古茶樹，姿態寬鬆，採茶農婦走在樹幹和橫搭竹竿上，像輕歌曼舞。

好在這高猛大樹的背後就是三、四公尺高的土坎，採茶人站在上面，等於到了葉冠的起點位置，相對輕鬆。還是很多新芽無法採到，正好讓它們長大，對古樹的休養生息比較好。

困鹿山的茶樹，就常被採摘過度，名氣太大。清代乾隆喜歡的曼松貢茶，也被過度採摘，很多古樹枯萎，茶農只能逃亡。少交貢茶，皇帝老爺不高興，要掉腦袋的。現在也沒辦法，鮮葉按斤按兩算的，困鹿山的茶農也想富起來。八千塊人民幣一公斤鮮葉，怎麼可能還在樹上留得住呢？能不能逃過曼松的命，堪憂。

一號大樹的茶葉，有特殊的生涼之清香，茶味偏淡，再一次證明了它屬於過渡型古茶樹，這種茶香在龍陵的過渡型古茶樹上時常遇到。

都是很雄壯的大茶樹，都有濃綠的橢圓中小葉，而且都茂密到你鑽不進去。

這棵樹在黃草壩有代表性，它身後一排同類的大茶樹，摩肩接踵，細細看，每一棵都非同小可，單獨站出來，早就有人喝采了，長在一起不顯眼。沒關係，大樹並不是為了喝采而存在的。

有人叫好，它不在乎，冰凍三尺，它也不怕，那雄健有力的樹幹早就預備好要抵擋一切。我們在它下面來來往往，只是浮雲。

黃草壩二號大茶樹

如果說一號樹是力拔山兮的大漢，比鄰的二號樹，就是優雅的儒士。

精典的栽培型古樹風範，小葉如珠，白亮樹幹，浮起如傘的雍容樹冠。

在雲南看到栽培型古茶樹，許多都能找到古人對自然美學的某種想像。八到十公尺的高度，一根主幹上去，優美分岔，托起一個漂浮、寬大的圓形樹冠。雖然長在山崗和原野上，仍散發出一種園林般的意味。

站在村頭，農舍前後，就是田園風景的一部分。這樣的樹形夠大、夠舒展，也便於發芽和上樹採摘，最受歡迎。

但是，真要生長在濃密雨林和充滿參天古樹的山林裡，這樣的樹形就沒有競爭優勢，更容易活下來的是過渡型和野生茶樹那種收縮樹冠，往上竄升的高聳樹身，像針葉松樹一般尖錐樹頂，在萬物競生的大自然裡，生存第一。

但到了人的世界，優美就有了意義。這是文化的意義，「栽培」這兩個字，本身就是文化的一部分，自古如此。

話說回來，對於小葉種而言，二號茶樹的高大已非常可觀。即使在困鹿山上，這樣的高度也屈指可數。

根據估測，高度有八到十公尺，樹體寬大，裡面爬進去三、四個人採摘，也只是偶爾才閃露出一下矯健的身影。

當然，都是女人在樹上，農婦和村姑輕盈採茶的身影，甚至七、八十歲的老太太上樹也如履平地，男人只能羨慕。他們在樹上基本上像一頭熊，所以大都也不上樹，寧可蹲在下面抽菸，聊天，討論鮮葉價錢。

兩個人才能合抱的龐大樹幹，往上蓬勃展開了十還八公尺的無數枝頭，噴吐出來的竟是細小晶瑩的茶芽，採下的瞬間，就有香氣浮出，如同古茶樹的某種細密耳語，令人傾倒。

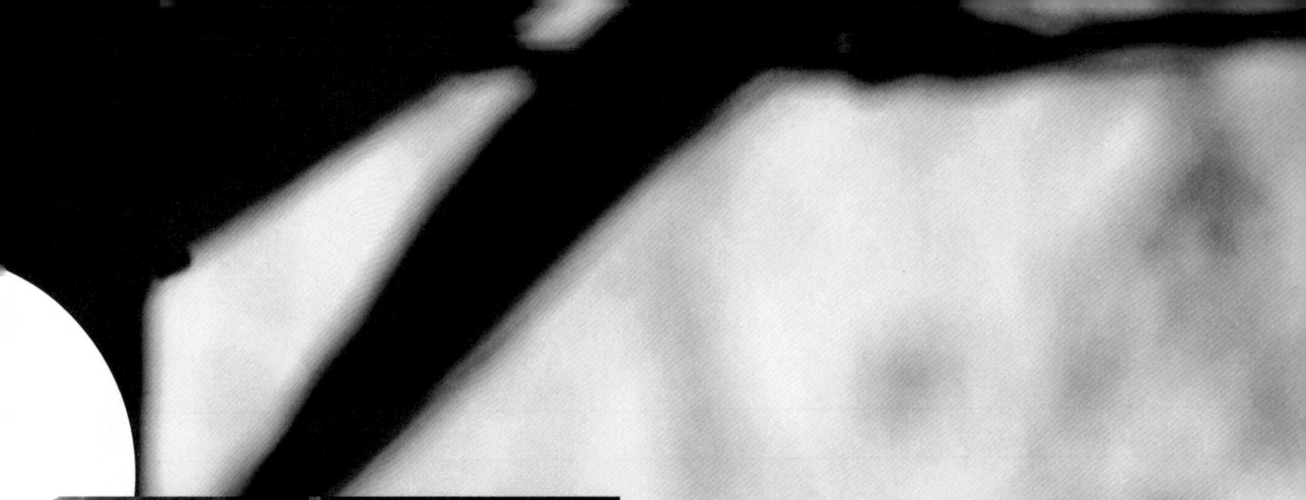

PART 2 依依不捨倚邦山

倚邦山，並非我們在古六大茶山的頭一站，卻是流連忘返，最難告別之地。

跟這個昔日燦爛，而今有點落寞的古茶山有種說不清的緣分。我和山上很多茶農、老人，一見如故，恍如家人。

有些寨子，一去就有回家感覺：人聲、鳥語，山風吹過樹葉的聲音，遠處的雞鳴，似曾相識。

第一次上倚邦，遠望山崗上的倚邦古街就心旌飄搖，其實沒古建築，只看到一排平房和鎮口虎踞龍蟠的大林子，那是一些呼風喚雨的參天大樹，彷彿聽見百年茶山的吶喊，馬幫嘶鳴……

古鎮蕩然無存，只剩下一條空空如也的龍脊石板街在薄霧裡失落，代替久已逝去的飛簷峭壁，顯示著此鎮曾經不凡的風水地勢。

順著空蕩的龍脊街望去，戰火洗掠後沒留下一棟明清原貌的古老房子，唯有重建的低矮平房，一戶接一戶蜿蜒，令人頭皮發麻，這就是書上寫的茶莊浩蕩，土司府巍峨的倚邦街嗎？

灰飛煙滅，四個字寫盡倚邦山的不堪回首，戰亂連綿。

過去有多輝煌、榮耀，現在就有多冷清、平常。

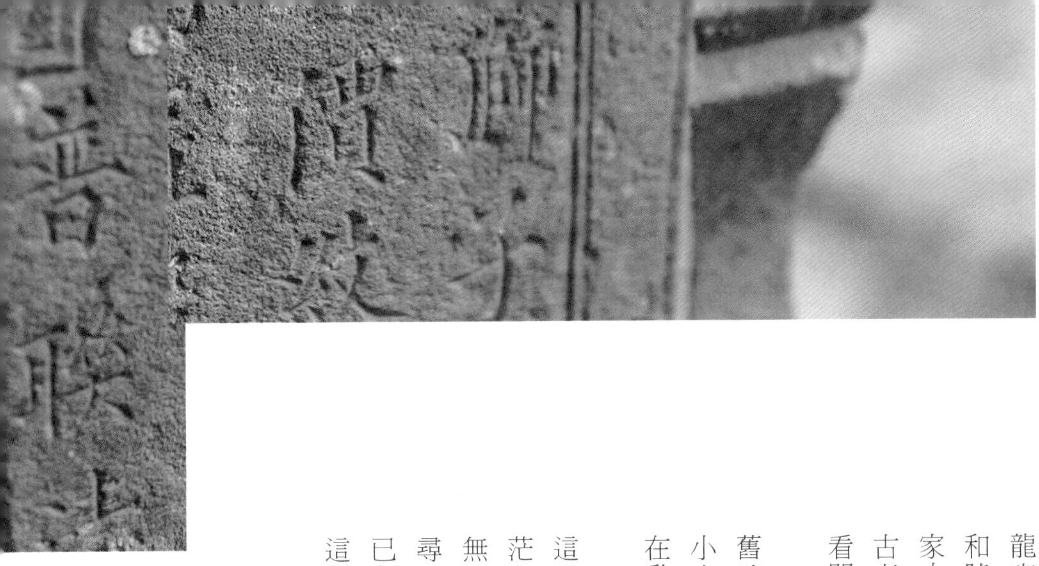

龍脊街的格局猶在，但精神沒了，舊日這條街上的老六山第一代茶莊和號令茶山的人物，皆成如煙往事，被大山森林，還有沉重瑣碎的農家小日子淹沒了。

古老的倚邦街徹底缺席，街上靠山吃山的小農人家，成了某種歲月的看門人。

舊時土司府的門廊，只有柱礎的殘跡可見，一下雨就變成了一汪汪的小水潭。還剩下一個不知何年的石頭獅子，滿身青苔，很孤單地跨坐在亂石上，淡漠地看著沉入迷霧的古鎮。

這種失落的古老時光，碎片殘缺的燦爛，一種擋不住逝水年華的蒼茫……我的靈魂對這些奇妙的、一去不返的時間元素充滿迷戀。

無論到哪，在亞洲還是歐陸，羅馬、巴黎，或者雲南古茶山，我都在尋覓古老時光的殘片斷跡，試圖在稀少零星的片段裡拼貼，讀出消失已久的古老壯麗的場景，我的所有書都在講這一個主題。

這樣看，我會不倦地迷戀古茶樹，也是很自然的。

大樹林，最後的淨土

這地名，十年前第一次聽說，那時曼拱寨的人講起來，像是遠在天邊，山路、雲霧，充滿了謎團。
那地方上去，路難走啊，只有兩兄弟在那。
那的森林，大了。
那的古茶樹，奇了。
還有，那的曹老奶奶以前是土司家的千金小姐啊！
這幾句話，聽了誰不會心動。
想像的畫面，一片壯闊的森林，兩個小茅屋，兩兄弟和一個鶴髮老奶奶，守著一群高聳雲天的古茶樹，遠離人世的煙火……

其實，沒那麼遙遠，只是小道崎嶇，有時要攀爬。肩挑手扛，走二、三公里地，也叫人氣喘吁吁了。那時從象明鎮上倚邦山，更是漫長，土路上坑坑窪窪，泥濘不堪，車子搖晃到山上就半天。從曼拱寨的最後農戶，翻過柵欄，開始上山，羊腸小道穿過林子，還有一條山澗，看見寬大山坡在陽光裡升起，頂上遙遙一片黑黝黝的參天大樹，就是大樹林了。沿坡而上，暗暗的樹林伴著山路，路旁冒出沉鬱老茶樹，被陽光照耀的枝葉飄綠，閃出一點生氣。難怪，也有人叫這裡大黑樹林。

「全倚邦的人都知道，山上大樹林的茶最好，但是你弄不到！」二〇一三年春天，在山谷對面的麻櫟樹寨，老臘新家的茶農絕對地說。
「那是，那是。」我點點頭，內心感恩。那時山上沒幾個人知道，我們在大黑樹林收茶已進入第三年。這也並非我們的能耐，天時巧合，加上幸運，努力當然也是必須的。
還有曼拱的老高家，也要謝謝。他家女婿帶我們第一次爬上大樹林山坡，就此結緣。

大樹林山上，真的就孤零零兩棟老土屋，一對兄弟，還有神話般的老媽媽曹奶奶，靠在森林邊上住著。周圍是大山大樹，茅草遍地，還有白雲輕柔地飄過，慢慢地，似乎時間也變慢了。周圍的大竹子有五、六層樓高，遙懸天穹，大風一吹就搖啊搖的，竹葉紛飛。極安靜，你聽得到每片竹葉的聲音。
一到秋天，陣風吹過，漫天竹葉飛舞，美極了。

大樹林的傳奇，跟曹奶奶的身世相關。

在倚邦山，碰到姓曹的，常會說，他不是曹當齋的曹，意思自己並非土司後人。

曹當齋名望顯赫，這位乾隆年間的四川茶商，跟倚邦公主喜結連理，成為第一個漢人土司，倚邦山從此變曹家山。曹當齋是御封命官，號令周圍蠻磚山、革登山、莽枝和易武茶山。

曹奶奶是土司家最後一位公主，她爸爸那代已到民國初年，不當土司，當了勐臘的首任校長。那年頭校長和縣長都很威風，允許佩槍。

曹奶奶年輕時，也風雲無二，別著駁殼槍，縱馬奔馳，在倚邦山上遠近馳名。

後來革命了，土改分地，曹家算大地主，還好她下嫁村裡吳姓木匠，沒直接受罪，但家傳的土地沒了，大半茶園也被分掉了。

丈夫走後，剩下她和兩個兒子留在這片山谷，遺世獨立，反而保存下倚邦茶山最後一片純自然狀態的古老茶林。

誰會想到，百年前，這裡曾古道通天，人馬不絕，一到春茶季節，上山去倚邦街見土司，下山去貢茶的馬幫川流不息，熙熙攘攘。

茶馬古道在大樹林經過，此地有驛館、馬舍、小衙門，由土司家的直系駐守。

清朝，勐臘各山的貢茶馬幫，要到倚邦土司府集合，經此下山，往北過江，運往位於寧洱的普洱府，完成了貢茶，才准予進入茶市交易。

運茶馬幫，常在大樹林歇腳，石板古道，依稀的馬蹄凹印可辨。下了山，過了補遠古渡，就是普洱府地界了。土司的一脈守在這，當家男人還封了朝廷官職。古老的驛站馬廊早已坍塌，只見殘牆荒草。這段古道也久已荒蕪，被灌木覆蓋，只有斷裂石階在山野斷續，不掃看不見。春天掃了，秋天又埋掉了。

古代通途變成天外一角。曹奶奶和兒子守在這，沒人打擾，也沒歡鬧，陪伴大山和大茶樹，過著清貧自我的小日子。簡單到極點，男人只有菸、酒，女人只有彎腰忙碌，除了忙碌還是忙碌。

在我們眼裡的滿目青山，對他們可能只是寂寞、冷清，還有難熬、無奈。每一樣東西，衣食都要扁擔挑上山，再挑下山。

二十世紀末，清代同慶號茶莊的古老茶餅在海外名聲鵲起，臺灣和香港茶商開始流連易武茶山。上倚邦山到大樹林，是韓國茶商捷足先登。衝著土司茶園而來，做了幾年，曹家小兒子不開心，覺得茶商不夠心誠，結束了協議。正好那年春節我們找上山來，跟老奶奶特有眼緣，這樣命運坎坷的老人，乃茶山傳奇，值得珍惜再珍惜。至於做吳家老二的茶也順理成章，什麼條件都行。

當地習俗與內地漢人不同，老人通常跟最小兒子過日子，田地茶園大部分也歸小兒子。

老二家女孩在外面讀醫，男孩則一臉帥氣，野性十足，絕對土司後代習性，寧可打獵也不喜歡務農。

採茶、做茶都是老奶奶的媳婦，也就是他媽媽的任務。

記得那天，當家的吳老二摸了一把鍋灰，大拇指在合約上摁了黑黑的手印，「這就算數了。」他說。

當然算數，農民不認帳，蓋大紅圖章也沒有用啊。這裡是茶山僻壤，入鄉隨俗。

接下來的日子，老二媳婦帶著我們全山跑，挑選可單株採摘的大古樹。

大樹林的老茶樹有天生之福，森林環抱，沒打枝，也沒矮化樹頂。上有巨高的熱帶大樹遮蔭，下面滿地茅草，灌木護衛，還有草地，如天上人間的圖畫，這就是出極品茶的風水。當地人把這樣絕佳的天然環境稱為「上面戴帽子，下面穿草鞋」的茶樹。

一、二、三、四，女主人一下命名了四棵大樹，三棵是中葉或柳葉的茶樹品種，從坡上排到坡下，都是高大如巨漢的直挺身形。只有二號樹是本山特色——小葉種的古茶樹，絕對倚邦風度，發得好的年份，滿枝布滿小巧的綠葉，樹形富態雍容，值得單獨一寫。

昔日，倚邦山號稱六大茶山之首，小葉種古茶樹，乃本山獨具品種，論年代久遠或品味，都足以跟大葉種的古樹普洱分庭抗禮，甚至有過之而無不及。

求香氣絕對勝出，要力度也有力度，茶氣、回甘，都不遑多讓。這點以前的清代宮廷就知道。

傳奇的曼松王子山貢茶，便是倚邦山寨子，因小葉種出名，如龍井般清柔糯香，深得乾隆喜歡。可惜採摘過度，在清朝就凋零了。那時候，大樹林還在熱鬧之中，馬幫上下，清朝末年鎮守此地的祖先還有官府墓碑，站在土屋後院裡。現在周圍是菜園子。此一時，彼一時。

沒了浩蕩馬幫，馬鈴叮噹。收完茶的傍晚，炊煙裊裊。青翠的群山，落日在古樹當中慢慢沉下去。

我們團隊學美工的小夥子，還在樹林裡晃，想給不知哪棵古樹畫一幅素描。

二號小葉古茶樹

那天下午，有點累了，就在這棵古茶樹下的草地躺下，休息晒太陽，茶山這一季奔波的疲勞和緊張一下放開了，舒暢無比。

到了大樹林，經常是我們每季收茶的收尾一站，來這就像回老家，人很熟，森林環境超美，關鍵是安靜，沒別的人來。那時此處還沒路，沒通車，連摩托車也上不來。

又聽見鳥啼了，還有竹林的聲音。小狗在遠處叫著，好像一個沒有茶山競爭的山野樂土。到了這，愛爬樹採茶的採茶，愛收鮮葉、土壤標本的收標本，愛燒篝火的燒篝火，夜裡滿天星斗，白天陽光燦爛，陪老奶奶講講茶山舊事也很快樂。

開心起來，她還會哼幾句舊戲。

茶，慢慢做，反正這麼大一片茶林，總共才出二、三十斤古樹茶，各種雜草藤蔓太茂盛了。農民問要不要除草剪枝呢，茶量會大一點。

別、別，那就不是大樹林了，我們搖頭，越自然越好。

躺在二號古茶樹下，感受天地氣息。

連農家的驢子也過來張望，身底下都是乾乾的竹葉，很暖和、乾淨，泥土的氣息很香。頭頂上看到的不是天空，而是二號茶樹展開的茂密樹冠，裡面老枝重重疊疊，不知橫生多少枝節。

幾次爬過這棵大樹，可以從裡面樹幹一層層盤繞攀越上去，像有無形的臺階。

它的樹皮蒼老，枝幹也很多皺褶裂縫，到處擠迫扭曲的木結，好像被壓縮的年份在裡面成長。在揚州古園林看過元明年代的羅漢松盆景，枝幹也有這般濃縮，扭曲的張力。

那是歲月的力量。

它的基圍七十幾公分，但樹冠高度近十公尺，樹齡老邁，爬進去才知道一層層很多結構，曲折而上。

最震撼的是，從密密麻麻的老樹枝間撥開一個空隙探出頭去，你會驚訝，哇，離開地面有幾個人高了，而你的周圍全是正在吐芽的細密小葉，碧綠中透出亮亮的鵝黃光色，這在樹下看不見。

長成熟的新葉也只有指甲那麼大，數以百計地在陽光中閃爍，你伸出手去，似乎怎麼也採不完。其實一天才得兩公斤鮮葉，最後幾兩乾茶。

這是大樹林的極致。小葉種的古茶樹能長到如此高大，很少見過。它看上去的感覺比周圍的古茶樹都更多一些滄桑，盤根錯節，布滿了歲月不平與挫折，但芽尖卻是如此雀躍，嬌翠欲滴。

這就是我們的最愛，極品小葉種特質：

樹極老，葉子極細小，非常嫩。

我們最早上倚邦山，就是來找小葉古茶樹。

在曼拱老街，二鄉，看見了幾棵樹，有點驚喜。到了大樹林，才見到倚邦山的精采。除了更北面寧洱的困鹿山，沒見過這般嬌小細葉，又年邁蒼蒼的古茶樹。

那裡也曾是專給清代皇宮進貢的茶山，也一樣的神祕、幽謐。

二〇一〇年，幾乎沒人知道那裡了。幾百人民幣一公斤乾茶，也沒人敢要。後來鮮葉價都要幾千塊一公斤。

一、三、四號大樹

靠近竹子叢的三號大樹，體型最巨碩，顯得最高，有十五公尺左右。這意味著接近五層樓房子的高度。站在樹下微笑的同事，小小一截，往上看，起碼還有八、九個她的高度。樹根圓周超過一公尺，不算太驚人。但直直的聳立上去，緩緩撐開橢圓的樹冠，仰望很久，還是很難看到樹頂。

細觀大樹的內部，無數枝幹盤向天空，這樣的巨樹似乎一直天生地長，甩手甩腳，樹枝想往哪長就往那長，完全沒被人掌控或經常採摘的感覺。

我們上大樹林的那些年，這些龐然大樹繼續這樣在山野裡自由自在，奔放生長。

一號大樹位於山坡的上方，顯得高，但不那麼粗壯。

四號樹位置最低，顯不出其格外雄偉。三棵都是中葉種，栽培型古茶樹，長勢跟其他山頭不同，樹狀如塔，主幹直聳天空。這方圓百米的山坡上連續矗立幾棵十來公尺高的古茶樹，令人稱奇。

在倚邦山，如此高大的古茶樹群更是一絕。

大樹林的山坡向陽，古木參天，霧氣繚繞，豔陽天就晒幾個小時。大樹皆為高聳型，橫向不寬，成散漫的山形拱升。長勢接近過渡型的野生茶樹，但其枝葉蓬鬆，茶葉的口感香潤，滋味濃郁，回甘強烈，在在是栽培型古樹的特徵。

如此高遙的茶樹，我們正在尋思如何採茶，老二媳婦，一頂草帽，斜背鮮葉袋，蹭蹭就上樹去了，她是全家的採茶高手，沒見怎麼爬的，已在樹的四分之三高度招手了。

這些巨人聳立的茶樹，到六大茶山任何一地都是樹王。一些年後，大樹林盛名遠揚，三號大樹受人追捧，封為「大樹林茶王」，周圍幾棵也建起層層欄杆圍繞保護，很難靠近了。

我們當年經歷的猶如天外仙境，原始巨木密布的大黑樹林，那時古茶樹就是漫天碧綠中的一員，不顯山不露水，渾然天成。

這般絕妙的大自然懷抱，成就了此山古樹茶的極致風韻。

一號、三號、四號樹，每年採鮮葉數公斤，一棵大茶樹，自然生長，得一公斤乾茶，就是豐收。經常僅幾百克，茶樹太高了，不修剪，發芽前後不一，採到的數量很有限。

對農民這不是生意，對我們是求之不得的極品。美中不足的是，農民採茶到深夜，生火殺青，疲累加上鮮葉量少，難控火候，易有焦葉。

此地古樹茶以中小葉為主，充滿裊繞的山林氣，出湯香潤甘滑，上口好喝，又柔，沒人不愛。如喝得太猛，泡得太帶勁，後面茶氣洶湧，綿綿不斷，也不是誰都能消受的。

在大樹林的曹奶奶家，我們包收，大樹單棵分採製作。原準備幫主人建造一棟傳統木頭房子，改善老奶奶生活。很遺憾，吳家老二沒完成計畫就過世了，他喝酒太多，鬱悶，土司後代，過這樣的日子，很難不鬱悶啊。

曹奶奶失去愛子後，再沒聽她唱過戲，〈十八相送〉、〈梁山伯祝英台〉。一說話，就滿眼含淚。不久，我們也萬分不捨地送走這位傳奇老人，好日子剛來，她就走了，熬不住，太累了。

那些古樹還在，默默看著我們，讓人開始擔心。

靜下來，回憶當初在大樹林的日子。似乎夢中童話，不太真實了。

那時山上太安靜，茶農極純樸、可愛。整個倚邦山上下，近千戶人家，才兩臺皮卡車，上山要開大半天。現在飛馳半小時就到倚邦街了，然後曼拱，再十分鐘就上大樹林了。八、九年前，跟農民這樣描繪，都會覺得你瘋了。

正是因為這樣，我們還能用三、四年時間，慢慢收到大樹林原始風貌的好茶。二〇一四、一五年後，道路修到大樹林，這樣的局面就不可能了；除草，打枝也在所難免，自然狀態的古茶樹產量太低了，茶農很難接受，高價的年代襲來，大家都在看齊易武的模式，爭取高質，同時高產。

大樹林，五號大樹

初次看到的五號樹，龐然蓬鬆的一大棵，三柱主幹，很自然的生長狀態。它是茶農主婦給我們找的，自己排號的，茶做好了才告訴我們。喝到茶，有點震動，自然就對那棵樹好奇，所以再去找樹，這也是常有的逆向尋樹經驗。還有的時候，喝到極頂好茶，卻一直沒緣找到來源的那棵樹，只能感嘆。

五號大樹獨立一方，在農院正前方的向陽山坡上，靠近大哥家的茶園。周圍都是低矮的灌木和荒草，只有稀疏的大樹在附近，沒有陰影。看上去也就格外巨大，總是陽光足足的，樹身時而顯出被晒得太多的乾燥，樹皮有點燥裂老態，出土就分了幾支往上長。

滋味跟那些濃蔭遮蔽的大茶樹顯然不同，氣味香濃，茶勁也大。量也較多，因為陽光充足的關係，無形中也成了經常能喝的大樹林好茶。茶感不算此地的典型，直率雄厚得有氣力、有滋味，但沒有繚繞迂迴的茶力，更沒有小葉種二號古樹的迷人香氣。

大樹林的茶樹，有的還高到遙不可及，只見過樹，上面茶芽長什麼樣從沒見過。

山坡上的巨高茶樹

那天正空著，曹老太的小兒子過來問，山上有特別高的茶樹，想去看看嗎？他腰裡別了柴刀，一副要走荒山野路的樣子。跟他上山，果然山徑早被茅草覆蓋，必得劈荊斬棘。等到氣喘吁吁地爬上高坡，他往頭頂上一指：就在上面。

那是我在倚邦看到的最高茶樹，望不到頭的樹幹一直上去，不分岔，沒橫枝，在高不可及之處，張開一層薄薄的圓樹冠，所有葉子透著光，有的跟別的樹冠交織，嫩綠發亮。

它的高度如此驚人，以至於很粗的樹幹，在空中顯得像懸下的一根飄帶。

沒見過這樣飄遙，近乎透明的樹冠，像一個幻影飄在天空。這般古茶樹，無人知道它何時發芽。長得如此之高，就是不想碰到人間煙火。

除非搭一個十公尺高的毛竹鷹架圍繞它，天天上去守候，但是何必。

一棵高到遙遠的古樹，只能仰望頂禮，不會想採它的茶葉。主人也說，從沒採到過這棵樹的茶葉。

爬不上去？不是。在這個山上，有什麼東西能難住他呢？

不想罷了，我們也不想。雖愛茶如痴，整天在茶山上跑，順其自然的規矩，還是曉得的。

這變成了少有的一棵，我們見過，可以採而沒採的大茶樹。但是，近年流行的高竿古茶樹風氣，搭梯架橋，使用攀岩工具，採摘原大森林高竿茶樹的人眾多，如此古樹就很難安寧了。

在大樹林跟吳家老二的多年合作，隨著主人過世和曹老太太的離開，走向尾聲。

二〇一三年，大樹林通摩托車了，有可能拉上去一些建材，幫吳家造了一個簡易樓房。男主人不在了，造木頭房子不可能了。但至少乾燥潔淨，可以過一段日子。

二〇一四年，吳家後人大刀闊斧修剪祖上古茶樹，我們事先不知。等到初春，上山看見光禿禿，被驕陽曝晒的茶園和斷手斷腳的老茶樹，只有心痛，無語。

這不是我們心儀的大樹林了，但農民有農民立場，偌大古樹林，怎麼可能只出產幾十斤茶呢？

任何事情都有開頭和結束，在大樹林的日子也一樣。

那時的各地古茶山人潮滾滾，紅塵滿天，古樹茶價快到頂峰了。

倚邦山

麻櫟樹寨，臘新家最高樹

麻櫟樹，在倚邦山不算大寨，沒倚邦街名氣，也沒曼拱老街人氣，但茶的聲望很高。屬於行家之愛，小葉種為主，寨子交通不便，被大山圍困。換句話說，原生樹木茂密，古茶樹的生長環境上佳。

麻櫟樹的古樹茶，滋味濃厚，喝來有力，苦盡甘來，餘香悠長，深得茶友認同，追捧者眾。但了解真味的人有限，畢竟寨小，真茶稀少，冒牌和拼配居多。

古樹茶就這樣，一地一味，一樹一味，喝過就知道，誰也騙不了。

沒喝過的，只能聽翻版的故事，人家說什麼信什麼。

就算上了茶山，兩眼一抹黑，也未必找得到真茶，現在陷阱很多。

品茶，最好相信直覺，聽身體反應。好茶會說話，品質明確。模棱兩可的茶，寧可錯過。

會喝茶是一種境界，也許是天賦，需要細膩敏銳，有安靜的心。

有的人從不嗜茶，一喝就知道好茶。有的人二十年泡普洱，還在外圍繞圈子。

去麻櫟樹寨的小路，在倚邦街之前分岔，拐向後山，路上有一個叫「彌補」的小茶寨，寨名很有禪意。

我們在倚邦街上木匠手裡，收過此寨一棵大古樹的茶，入口香柔，而茶氣驚人，葉型奇特，纖細捲曲，令人難忘。我們去彌補寨找過此樹，仍然無緣見到真容。

麻櫟樹的寨名，來自一路上高聳雲天的麻櫟樹，一根根光亮筆直的樹幹，伸向長空，極高處的樹冠迎風飄搖，美呆了。

第一次進麻櫟樹，是二〇一二年秋，找了家茶農喝茶，本地人稱的穀花茶（秋茶），一泡香苦俱來，很有勁道。

第二年春天，備下足夠時間，細細考察此地的老茶樹。

我們熟悉的大樹林，跟麻櫟樹隔谷相望，森林和小氣候很相似，應該山中有「寶」。

尋覓古茶樹多年，邏輯有兩種：一種是先找樹，去山上看茶林，找到古樹，再尋主人是誰，這點考驗事先的調研，還有野外能力。

另一種是先找人，團隊滿村子試茶，找到好茶，就可能遇到好人。做茶也是做人。

找到可信的嚮導，是茶山經驗。人海茫茫，初到一地，靠茶識人，考驗喝茶功力，還有對人的判斷。幸好，這些年古樹茶喝過不少，出入茶山，經驗、運氣都重要，兩者經常把我們不知不覺地帶向大茶樹的主人。

在麻櫟樹寨，憑直覺，走進坡上最後一戶農家，後來知道主人叫臘建新，村裡最高的古茶樹就在他家茶山坡上。

怎麼會進他家的門？也許氣場吸引，我看他站門口，戴了黑框眼鏡，像喝過墨水的人。

那時的倚邦山，在陌生農家坐下來試茶，天色漸暗就請農家做頓晚飯吃，都很自然。畢竟山高路遠，道路崎嶇，外來人不多。

不像現在，遊客都湧上茶山，那就拜託，只能去「農家樂」了。

二〇一三年的麻櫟樹寨子，傍晚很安靜，當天收茶的短客都走了，長駐的公司有自己據點，農戶就一家人或者三兩鄰居熱鬧，吃飯的吃飯，打牌的打牌，做茶的做茶。此時，老臘新家剛結束採茶合約，正跟幾個茶商討論山上的十幾棵古樹春茶，賣點就是全寨最高的這棵古茶樹。

這樣的機緣巧合，一而再再而三地出現，沒親身經歷的，以為講故事。哪知道不需要編故事，我們連真實的事都還沒講一半。

別人只看見好運，我覺得肩頭沉重，很多責任，背負那麼多茶山的幸運，也是負擔累累，要對得起如此使命。

這句話講起來容易，做起來難。到今天，我還是十年未覺茶山夢。

臘建新家的茶山坡，去起來不易，要爬過別家的山梁和斷坡，上了坡風光迷人，遠處一直望到倚邦山主峰：大青山。層層山巒伸到它腳下，那裡還有大片墨綠神祕的原始森林，有野象群出沒。老臘家的山坡上，散布幾十棵古茶樹，有規模的共十來棵，最令人驚奇的是這二棵樹：

一是葉邊紅潤，如果樹豐盛的紫芽古茶樹，另一棵就是那巍然高立的蒼古茶樹。這般巨樹，在別處早被圍觀當茶樹王了。在這裡不動聲色地站在斜坡上，隱沒在樹林裡，前後有別的老樹，幾乎顯不出它的宏偉。

走到樹下才驚嘆，真是大自然的奇觀，一棵栽培型茶樹竟能長大、茂盛到如此程度。從樹下仰望，樹身高遙遼闊，結構猶如屋宇，四、五根大樹幹互相呼應，一層層向上，空間很大，可爬上去多人採茶。整棵古樹，猶如自然天工的建築，巨枝為骨幹，樹枝層疊形成寬敞空間。它後來被奉為麻櫟樹寨的茶王樹，當之無愧。

這棵古樹的年齡久遠，但每年四月初就滿枝春芽，旺盛不知疲倦，採鮮葉的工作量可觀。好在樹形易攀爬，裡面寬闊，便於立足，連我這樣五、六十歲的城裡人，都能爬到七、八公尺的高度。

就是風一吹很搖晃，太高了。農家孩子叫頭暈。我一點不怕，太興奮了，忙著採茶，想不起頭暈。

這是我在版納茶山爬過最高的，在樹上待得最久的古老茶樹，兩、三個小時，採了一公斤多鮮葉。

這快樂無比的幾小時，我被樹上的無數小蟲子，渾身叮咬了上百處，後來到了大樹林，兩臂和胸口紅腫，發炎了，劇癢難忍，一抓就流血。

茶農叫我去醫院打點滴。我搖搖頭，開玩笑這是樹上小蟲的報復，我們採走了嫩芽，奪走牠口糧，算是公平。

茶樹的蟲咬，要用茶葉治。請同事採來鮮葉，搗成葉汁，抹在紅腫的皮膚上，果然清涼止癢。消炎，靠煮茶加鹽喝，慢慢消退。

基本上，到茶山兩個禮拜後，身體適應就沒事了。這是我每年上山，爬古茶樹的必定結果，每年都會中招，在茶山上不大不小病一場。但是，爬大茶樹的快樂，無法阻擋！

有一年在騰衝，被蟲咬過多，發燒不止，只能飛去昆明住院。想想，那些古茶樹數百年站在山野上，風吹雨打，這些算什麼呢！

麻櫟樹的最高茶樹，乾茶出來有點量，小心翼翼地泡過幾次，居然是幽雅的清淡之香，茶氣從容、醇厚。

經常這樣，特別老、特別大的茶樹，泡出來的茶不會猛烈，不會力拔山兮，反而溫潤細雨，沁人心脾。

這是年紀大的緣故，還是曾經滄海難為水，不知道。

PART 3 易武正山思緒萬千

易武正山的名頭，一九九〇年代在香港就聽說了。

「正山」兩個字，有一股氣勢，易武的盛名，跟此地的古茶莊有關，如「同慶號」、「宋聘號」（開創在倚邦街），這些老字號流傳的晚清茶餅成就了普洱史上的天價傳奇。

二十年過去，在上海灘驚遇純真古樹茶，興奮不已地飛到雲南，踏足西雙版納，六大茶山中最初到的也是易武。

從景洪出發，過瀾滄江，進入勐臘縣古茶山，那時唯一便捷的公路就通往易武，往象明四山的路則崎嶇不已，很多彎繞。

易武街建在山脊上，初到的那年，此鎮還是一個有點僻塞的鄉下地方，晚清年間的古街早已殘頹、落寞，被水泥新街擠到幕後去了。剩下幾間灰頭土臉的老屋，有的還是古茶莊的遺址。

新街上，茶農的摩托車開來開去，拉茶來賣，再駝農人回村。路邊跑著狗，走著雞，豬已圈起來了，當時其他茶山還在滿山放豬。

街上一半是一九八〇年代小鋪，另一半是新蓋的兩層樓房，樓上平價旅館，樓下開超市，當茶行倉庫，還有壓茶餅的小廠。

全鎮就兩、三間小餐館。記得鎮口有間食鋪叫「石屏人家」，如同呼喚一個古老傳說。此地，古時叫「曼撒－易武茶山」，在六大茶山來歷較短，古茶山早年的領袖：只有倚邦山。到清末混亂，進入內地茶道不暢，鄰近東南亞的易武才崛起。

史上第一代插足版納的漢人多為雲南石屏人。石屏是朱元璋戍邊要塞，漢人官兵傳宗接代，子弟考科舉、經商，在明清年代很有勢力。一個石屏的武姓士人，當了易武土司的上門女婿，繼承土司。乾隆年間允許漢人進入土著勢力的老六山，協助貢茶，石屏人在易武捷足先登，最早漢化了這個茶山。

麻黑，張家老爹的記憶

在易武，我們最初到訪的是落水洞，一個山間小寨，茶嶺綿延，可惜採用易武常見的精細修剪，茶樹被矮化，自然形態的大茶樹稀少。

村裡的老高家為人熱誠，帶我們上山看過古茶樹的樹樁，有的如大鐵鍋那麼粗，當年砍了開荒種糧食。村口還有棵大茶樹，被易武封了茶王，圍欄保護，周圍弄了水泥平臺，最後還是枯死了。

古茶樹就這樣，不保護不行，太多關注也不行。

麻黑寨，乃易武茶的主力，正山當中的正山。

當初，我的一句感慨，引出跟麻黑張老爹的一段情誼，也跟他家三棵古茶樹結下奇緣。

那天，我爬山走累了，看矮化的茶樹看多了，在坐了不少農人的場坪上忍不住說：「你們麻黑山好，茶潤，就是沒有原生態的大茶樹，都被修剪，矮化過頭了。」

「誰說的，我家就有大古樹！」一個背著小娃，在旁閒逛的老漢不服了。

「真的？」我覺得他是說笑，鬥嘴而已。

「不信，跟我去家裡，放下重孫女，我帶你們上山看樹！」老人不等回答，撒開腿在前面走了。

就這樣，認識了麻黑村可能最有文化，最不服老，也最有脾氣的張啟明老人，他家有三棵在麻黑極稀罕的自然形態古茶樹。

我們相識那年，他已年逾八十，但不喜歡過生日，自言還年輕，不值得慶賀。他上茶樹體輕如燕，一縱身就踩著斜搭樹上的木竿，走上去了。

他家的三棵樹，長在麻黑山背後的樹林裡，第一棵最引人矚目，高高伸展到二、三層樓高，樹幹堅挺，並不粗大，上面也沒有肥厚的樹冠，輕飄飄的一攏綠色，悠然地浮在空氣中。

只有兩個字：瀟灑。

另外兩棵樹，一個粗壯，抱成一團；一個生猛，枝枒奔放，在麻黑都是異數。

張家老人自己也是瘦瘦的，兩眼有神，走路帶風。樸素的藍布衫，袖口和衣襬乾乾淨淨，他太太更有風度，舉手投足細緻妥貼，一臉溫文微笑，完全不像在茶寨常見的農家老太。

張啟明是村裡的活典故，講起麻黑大寨的沉浮如長篇小說，但安靜起來，抽一袋菸，半天不說一個字。

如此老人被我們巧遇，一見如故，只能感恩。此後就在他家駐紮，跟著張啟明老人年復一年地認真蒐集麻黑的古樹茶。

特別是這三棵古樹的茶。

還記得，在一個暮色沉沉的傍晚，我們隨著他，坐在摩托車後面，穿過黃昏山谷，去看遺落深山的麻黑古寨舊址。那裡因為百年前跟回族香堂人的戰亂而毀滅，還留下了祠堂和麻黑大廟的殘牆斷壁、柱礎……

在暮靄四起的山崗裡，晚風拂面，周圍寂寥極了。

在二〇一二、一三年，易武茶山紅火起來，我們能在眾目睽睽的麻黑寨收穫這稀罕好茶，純屬跟張家老人的情誼。張家的茶園眾多，乃麻黑大戶，茶價也高，上門茶商絡繹不絕，不少人想動這三棵茶樹的腦子，但老人一句話撂在那：這是我兄弟收的。在寨裡當醫生的兒子和當家兒媳，還有孫女婿，不看僧面也得看佛面。

那棵高樹的茶，一位知己茶友喝過，奉若神明，一直當藥吃，對付焦慮，喝了就放鬆，不管多少煩心的事，頓時神清氣爽。

後來，老人家的太太因病過世，大概周圍就沒人懂他了，不久他也隨著太太走了。

再後來，那棵高高的茶樹被村裡評上了麻黑茶樹王，也不知這是否好事。

但是，這和我們已經無關了，老人一走，我們跟這棵古樹的連結就一根線斷了，接不上了。

我們的麻黑茶就此結束了。

對麻黑的所有記憶，大多數都與張家老人有關，一一留在這三棵麻黑大樹的茶葉裡，原汁原味。

小胡家高竿古茶樹

麻黑寨的小胡，名聲越過易武的邊界，傳了一山又一山。原因就是他家那棵一柱擎天的大茶樹。

那時還沒人在拚命追捧易武國有林深藏的高竿古茶樹，但小胡那棵巨高的茶樹已是周圍寨子的招牌。

這棵奇樹，究竟屬於麻黑寨還是相鄰的落水洞，兩寨各執一說。麻黑寨人多地盤大，比較強勢，這棵在易武山堪稱一絕的地標茶樹，還是劃歸了麻黑地界，最後花落小胡家。

這麼高的茶樹，只有驚嘆、驚奇，無法形容。

幾乎只看見高高的樹幹，一直往上升，沒有終點，貼著樹幹往上看，淡淡的樹冠就懸在天上了。

這樣的浪漫茶樹，如童話場面，不像現實的樹。這般古樹如果還出茶葉，更是神話。我們居然有幸得到了其中上百克乾茶，直到今天，還是覺得無法想像。

我們跟它，還有聰明精幹的小胡，只能算擦臂而過的一面之緣。我們原先就聽說過此樹，也去找過，看過這棵長在兩寨之間樹林裡的傳奇大樹，一年後才在麻黑寨結識了小胡。這個三十來歲的小夥子一眼看上去就與眾不同，自己弄了個小巧的茶室招呼客人、茶友，擺設窗明几淨，顯然是屬於走在時間前頭，有想法，也有辦法的精明茶農。

他有做大生意的企圖心，可惜我們不是他施展的理想平臺。

大茶樹在上，不會在乎來往的人和事，自顧自地生活在麻黑和落水洞的山野裡，不知多少百年了。

對屬於誰，屬於哪裡，被誰爭採，或無人光顧，都淡然、無感。

不出意外，再過一百年，它還在這裡。那時，又有別的人，別的雄心抱負了。

PART 4
巒磚山雲霧四起

瓦竜寨的山水，似幻似真。

從易武到象明的孟崙公路，到了曼莊岔口左轉彎，進入彎曲的土路，一路上平緩秀美的山谷，宛如江南，車外晃過一抹清翠的如屏山丘，還有桂林山水的柔美。

這地方怎麼會有氣勢磅礡的古茶山？

然而，就是有。

土路隨著山勢上坡，路面坎坷多彎，都是雨天留下的泥水塘。車子穿過山坳，爬上陡坡，連轉兩個大彎，此時周圍已看不到田野，全是層層圍過來的森林疊嶂。

汽車咆哮著，再衝上一道坎，眼前開朗了，三面青山，古樹參天，當中一個高起平臺上，幾十戶農宅庭院，依坡而建，房子背後就是陡直山崖，或者很深的溪谷，通往藤蔓漫天的森林，林子裡冒出一些古老茶樹的樹冠。它們顏色，比其他老樹更鮮嫩，淺色水靈的綠。

這就是瓦竜，規劃村子的人懂風水，選址絕妙，轉過兩個山埡，一道蒼翠青山為屏，就把剛才宛如江南的田園氣氛擋在外面了。

在寨裡舉目四望，到處是山，後面山巒更高，還有無邊森林，熱帶雨林遮天蔽日。

西雙版納古茶山的瞬息多變，令人詫異。

這周圍重巒疊嶂的輕輕一繞，讓瓦竜山寨有了一種遺世獨立的飄然氣質。

出好茶的地方，常常也有絕妙的風水。

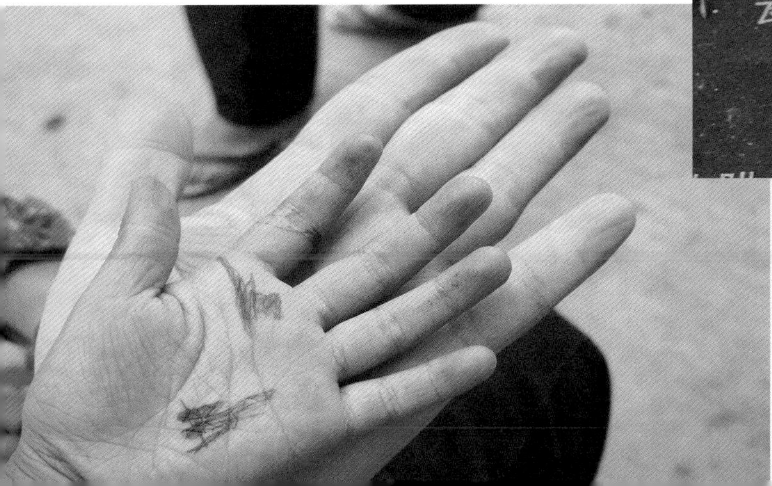

蠻磚茶山，值得一提的有兩處古茶樹群落，一是蒼山圍繞的瓦竜，茶味濃郁，還有大山另一邊嶺上，氣勢開揚的曼林寨，茶湯有如米湯柔滑、清香。

蠻磚，在明清兩朝以茶量高，滋味厚重著稱。現存古寨很少，還有一個八總寨，較小。大部分村寨都砍了森林，開荒種田務農，近年還流行芭蕉和橡膠樹，對茶樹威脅更大。

如今的蠻磚山，想尋找來歷純粹的古樹茶，純屬犟頭倔腦的理想主義者，失敗機會很大，成功把握沒有，但我們夠倔，仍然想試試。

找茶靠運氣，也靠鍥而不捨。選在瓦竜，地利有了。時間在二〇一一年，也還有一點機會，天時也行，就看人和。瓦竜人家數十戶，就幾個家族，很多是兄弟姊妹，各成一戶，大都留在村裡。這好山好水，誰願意出去外面呢？何況，還有好茶。

以前，在倚邦朋友那喝過瓦竜茶，大開大闔，茶力雄渾。只知做茶的人叫刀靜。明顯原住民後代，刀是安靜的，讓人想像無窮。

進寨那天，他去打獵了，「這季茶賣完了，但晚上會有野味吃！」他媽媽安慰我們。

我們在村裡上山下坡，探樹，村舍後面就見拔地而起的茶樹，散漫生長，前後十來棵，背後山崖直上直下，漫天飄懸掛的藤蔓，巨木高聳。

整個老六山，保存這麼好的古茶園，絕對鳳毛麟角。

在寨子高處，認識了楊淑棋一家，準確地說，巧遇了他家的小娃楊欣。

那年她才三、四歲，爬坡走路，聲音響亮，也不甩後面的媽媽。在臺階上奔跑。不高興起來，誰說也不動，抱也不走，罵也不走。

什麼樣的農家，會養出這樣個性桀驁的小女娃。我們跟著她上坡，在老式農舍的大屋頂下看見她祖母、曾祖母，都是眉清目秀，很和藹，有股精神氣的茶山女人。

最後來了她爸爸楊淑棋，眉目明亮，身子精瘦，卻力道彪悍，別人穿外套，他就打赤膊。高興了，就喝酒，不開心，也喝酒。

他們是漢人，卻有山裡人秉性。版納茶山原住民是瑷尼族、布朗族、彝族、拉祜族……漢人在清中期才移民進來。楊家七兄妹，他最小，也最厲害，那眼光一看別人，誰都知道不好惹。七個兄妹大都落戶瓦竜，各有老茶樹。父母和老祖母則跟著他過日子。

有次，看楊媽媽爬樹採茶，在樹上矯健如猴，讓人驚嘆。

山竜寨之深奧莫測

楊欣爸當家，要招呼客人，擺桌子、殺豬，三村五寨哥們都來一聚，全是蠻磚行情，誰家大樹賣多少錢，一目了然。

這是茶山男人的角色，負責場面和生意，負責幹活是女人的事，他爸爸有空也幹，茶是女人採的，也是女人做的。

但最好的茶賣給誰，怎麼賣，都得他點頭。他膝下兩個千金，一切到楊欣這輩全改了，女兒最大。她姊在鄉裡讀書，也是一表人才。

楊欣喜歡我們，讓楊家成了我們的瓦竜熱線，漸漸的，跟半個寨子也都成了「親戚」。

瓦竜，大叉路的許家古茶樹

瓦竜的古茶園，主要分兩大處：一處是寨子背後深山溪谷裡的「大菁子」，一個是順著山路出去的「大叉路」，兩地的茶味和茶氣都截然不同。

大菁子，意思是深谷大溪，那裡山高林密，要穿過水溝而去，茶樹密密長在陡坡上，不熟山路的人，連徒手步行都艱難，遑論採茶。這裡日照短，林子大，茶味濃而悠長，有紮實深沉的茶骨。

「大叉路」的位置在寨子另一頭，名稱來自那邊茶山土路上的一個分岔。這裡的茶林一半長在平緩且陽光充足的山坡上，周圍各種植物茂盛，給茶樹帶來霧氣，生態平和。

大叉路的另一半，逕直下坡，位於一處完美的林中開闊谷地，周圍巨樹如屏，當中茶樹在陽光下自由伸展，周圍野草沒膝，這是瓦竜茶的極致之地。

那天，許家的三棵大茶樹，就這樣滿枝嫩芽，青翠欲滴，在春日裡愜意微笑，特別小路旁那棵高眺的古樹，散發出祥和之光。

這種時刻最能感受，每棵老茶樹都是東方天人合一的理想寫照，不然，絕無可能穿越百年動盪的悠遠歲月，至今仍然貢獻著，它的喜怒哀樂，超脫和無畏，都在這樹梢綻放的茶芽之中。

看到這個場景，就明白，為何「大叉路」古樹茶，每每叫人拍案。

必須濃嘗，苦釅入口即化，然後源源不斷的茶力襲來，激盪心扉的茶氣，來自這裡的山水雲霧，大地、陽光，還有百年滄桑的錘鍊，或者說磨練。

茶，是天地精華，古樹茶更是。
我們有幸，站在歷代傳承的巨人肩膀上，東方的智慧很深，特別在茶文化上。
傳說當年諸葛亮遠征南蠻之地，在老六山留下茶種，也有近兩千年。本地茶樹來源可能更古老。古蠻磚茶之盛名自有原因。
來看看大叉路，你就心服口服了。

曼林寨高遠
何家古茶樹

瓦竜的茶，如烈酒般的濃烈、酣暢，喝來過癮。

曼林的茶，則柔柔的香滑，徐徐道來，細雨潤物那種。

同為蠻磚茶山，卻有如此反差，古樹茶的水太深，深廣無限。有人說，一山一滋味，這本書要說的是一樹一世界，不是滋味能概括的。

曼林和瓦竜古寨之間，在古代有路相連，彼此僅隔十幾二十公里的山路。長久不用，山路塌壞，現在連摩托車也很難開過去。大家都繞一大圈，經過象明鎮，走象崙公路，到曼賽的三岔路口，右邊上去是莽枝茶山，革登茶山，直走是去孟崙鎮，往左拐上陡坡，翻山過嶺，再開十幾公里，才到曼林。

我們第一次去的時候，汽車就在這段坡路上拋錨了，那時已天色黃昏。等了一會，從曼林方向開來輛摩托車，上面坐著個戴了涼帽，眼睛會笑的茶農，他姓楊，以後我們就叫他「楊哥」。

楊哥全家搬到象明鎮去了，正要從山上回家，見我們為難，趕緊聯絡熟悉的車行來修車，我問他，此去曼林還有多遠？

「開摩托，就二、三十分鐘，我載你去呀。」

坐農民的摩托車進山，不是第一回，其他同事修完車再來，我跟楊哥先上路。

曼林寨，想去幾次沒成行，這次又車子折騰，沒碰上楊哥，也許還是半途而廢。

一路進山，感覺奇特。去瓦竜是往谷裡走，到曼林，一直在山梁上穿行，風光無限。遠山盡入眼底，看到對面莽枝茶山，甚至悠樂茶山（基諾山）群峰，掩映在蒼茫晚霞中。不知不覺，進了曼林寨。小小的，就數十戶人家模樣，寨子周圍是成片的古老茶園。

去楊家路上，先穿過他家古茶林，沒仔細打理，茶樹東一棵西一棵隨意生長，有的碩大，有的瘦削。楊哥不好意思地說，「家裡什麼都沒有，房子被燒掉一回。現在住鎮上，只有收茶季節才來山上。」

果然，他家水泥房一間，空空如也，什麼家具也沒有，灶房只有做茶的基本配備。

這都無所謂，有古茶樹就好。今晚在寨子裡過夜，後到的同事都安排去楊哥朋友家搭鋪。

我想跟楊哥聊天，他家沒床，我們就一人拆開兩個裝茶的紙箱，鋪在水泥地上當墊底，上面展開隨身的越野睡袋，就躺下了，聊了半夜蠻磚和曼林的變遷，等到楊哥倒頭睡了，我就安享外面蛙鳴不斷的山鄉夜晚。

曼林的古茶園分布廣，處處開揚，山風徐來，日照十足，難怪有那麼明亮的茶感。楊哥沒有特別大的古茶樹，他推薦寨裡有個姓何的朋友，家有大樹，並帶我們去看了那家的古茶園。

那棵古茶樹豐滿地長在山坡上，像一個陽光燦爛的綠色亭子，一天到晚養分富裕的模樣，飽滿橢圓的樹身，很挺、很自在地散發成熟的雍容，沒有一絲一毫的老態。

何況，滿枝頭鮮芽恰好綻放，正在採茶的時間點，

「我朋友說，你們喜歡的話，今年就可以採這棵樹。」楊哥毫不猶豫地幫朋友拍了胸脯，沒談價也沒開條件，他看出來我們不會虧待任何人。

「你肯定，可以先爬上樹看看嗎？」

我跟同行的陳大哥，二話不說，蹭蹭地就爬上了老樹，不是急著採鮮葉，而是想貼近，看個仔細，爬古茶樹本身就其樂無窮。

爬到樹頂一看，樹身還是很高，在上面看得到曼林寨裡的不少農家院子內景。

這棵大樹的茶葉，可謂曼林的標誌風格盡現，第一泡清香裊裊，茶味還沒展開，米湯般順滑，柔黏的感覺已經來了。

到了曼林，才深深明白，為什麼中文裡面有「茶湯」這個字眼。

PART 5 革登山的過眼煙雲

革登山的早晨，一聲鳥鳴勾勒出格外的安靜。醒來的第一眼，就看到周明芬屋前的場坪上，一條狗安祥地趴著，兩隻雞正在努力覓食，還有兩隻大白鵝不緊不慢地踱著方步，背後是一望無際的起伏山巒。對面的山頭，就是老六山中的另一山：莽枝茶山。山腰裡看得見隱約的參差屋頂，那是有名的秧林寨，莽枝古樹茶的主力。寨大人多，茶味香濃，茶樹林的方圓也大，有不少公司在運作。但特別古老的大茶樹，反而沒有革登山這邊的直蚌寨子多。

今天的直蚌寨，只有十餘戶人家，但茶林壯觀，是革登山上僅存的傳統茶寨。

古代的革登茶山，規模和聲望，不下於蠻磚山或莽枝山，茶湯甘冽可口，可謂老六山之上品。

據考證，這裡百年前還有興盛的革登大寨，以及宋代留下的茶王樹，都毀於戰火和瘟疫，現在一片莽莽山坡草地，連遺址也難見蹤影了。

在茫茫荒草中眺望傳說的孔明山，因山峰猶如諸葛亮的頭冠得名，無限蒼涼、茫然。

革登在老六山當中受損嚴重，清朝年產數千擔貢茶的茶山僅僅留下一處較完整，有森林環繞的古茶園，由直蚌和隔壁的新發寨茶農經營。

外面號稱的革登茶不少，也就號稱。正宗的革登古樹茶，稀少珍貴，追求者眾，茶出來了，幾個朋友的管道分分就沒了，跑不到市面上。

初到革登，要找到進直蚌的路口都難，岔口沒路標，來過的人也會跑錯，找到隔壁的新發寨去了。在直蚌，我們進門第一家茶農姓周，人很誠實，聽說要找古樹茶，就直說該去見遠房的姊姊周明芬，她家的大茶樹最多。

找到她家，主人去茶林了，她那有點傲氣的兒子在土坪上跟朋友玩摩托車。

「帶路去茶山，找你媽媽？」我問他，他還猶豫，朋友就說「去啊，去啊」，把摩托車發動起來了。

早春的太陽下，兩臺摩托車，翻過山頭，上坡轉彎，七拐八繞，才把我們帶進了革登山最後一塊深藏的古茶林。

這是如畫一般的古茶林，外面滿山鬱鬱蔥蔥，青嶂高聳，什麼也看不見，進來了，坡上坡下都是高大的老茶樹，密密成片，有好幾百棵五、六公尺到十公尺高的大茶樹，場面壯觀。

他媽媽周明芬，從其中一棵茶樹下來，抖了抖塵土，也有點傲氣地說：「想收古樹茶？貴呵！」

幾年後，講到這個場面，她自己都忍不住大笑。

周家的大茶樹眾多，幾乎沒分成單株採過，家裡就她一人採茶，老公有時幫幫忙，忙不過來。兒子們對茶的興趣不大，從小看著老茶樹，現在還是老茶樹，見慣不稀奇，反而喜歡外面的熱鬧世界。

周明芬人爽氣，也有脾氣，說話乾脆：「你們只要願意辛苦，付代價，可以分開做的大樹很多，你們挑，想自己採，也可以。」

直蚌寨子

周家一號古茶樹

周家的一號樹，是全林子最高的一棵茶樹，超過其他樹的頂尖一大截，老遠就看見了。

可以稱為這片古茶林的地標，古話說，木秀於林，風必摧之，它高人一頭幾百年，受到的磨難不少，但仍然生機勃勃，綠意盎然。

如果有可能，蒐集它的標本茶是必選。

其實，樹也是各自有命，在它的不遠處，有一棵古茶樹還沒它的一半高，還站在擋風的密林邊，卻枝幹全白，片葉脫盡無存，已乾枯而死。

站在鮮綠的林子裡，宛如一個老茶樹的「化石」。

一號茶樹太高，主人家老公要自己上樹，他怕我們採有風險，這人平時不怎麼說話，絕對幕後英雄，讓太太做主角，其實也有他的豪邁之處。

一號茶樹得鮮葉好幾公斤，乾茶也超過一公斤，算是豐收。

周家的麻辣大樹

周家的茶園有兩片，一號大樹在外面，轉進去山坡的另一面，還有一片壯觀的茶林，周家也有大樹在其中。

我見過的許多大茶樹，如果農民同意，經常會採摘鮮葉，直接入口品嘗，這是認識茶樹的一種方式，未來的茶葉個性，也能初有領略。

在這片茶林裡，我嘗到一棵大樹的鮮葉個性突出，滋味特別濃烈，苦而麻，舌面的收斂感超強，幾乎帶有一種川菜麻辣的口感。所以，我戲稱它「麻辣大樹」，這棵樹樹幹粗壯，可以上去三、五個人採摘，也毫不動搖。

我和陳大哥上樹，採摘了大半天，共得鮮葉三、五公斤，我們的採茶能耐也就如此了。

回到周家，攤晾數小時後，連夜殺青、揉捻，第二天曝晒一天，大樹普洱的晒青生茶就製作出來了。

一開泡，茶湯就香氣撲鼻，革登茶本來就香，也有一種奇異的豆香。這棵大樹的茶湯，喝起來當然沒了那種生葉的辛辣感，但仍然濃郁有力，大刀闊斧，勁道不同尋常。

是個烈性漢子，不是革登茶典型的那種香柔，溫潤的調調。

主人家也沒喝過這樣的茶，因為從來沒分開做過，不過以後，也許會成為她家的標誌茶之一。

一樹一性，在此再次見證。

PART 6

渺渺布朗山，勐海

老班章的牽掛，剪不斷理還亂

老班章，大名鼎鼎，做普洱，喝普洱的，無人不曉。

對我而言，這三個字，喚起百感交集，有深愛有煩惱，惆悵，還有不捨。

老班章的茶，眾人知道它霸氣，號稱普洱茶之王，我們知道唯有純真的班章古樹茶才是茶中一極。

「純真」兩個字怎麼寫，各有定義。班章的主流觀點，寨裡茶就是純真，不必分老樹小樹。

我們走遍茶山只求古樹，到老班章也一樣，我們只收標誌性茶樣，唯有班章的古樹茶，才是茶之國寶，值得多年孜孜以求。

就為這個執拗的念頭，跟老班章的茶農人家，從陌路變成親如手足兄弟，恨不能朝夕相處。然後茶價暴漲，群雄競爭，開始有些分歧、不解，也在所難免。

這當中什麼都有，但沒有「後悔」二個字。

老班章，是這些年我們投入最多，紮根最深的寨子，前後七年半，十五個茶季。在這裡經歷古茶山從低谷到騰飛，紅到發紫，古樹茶價直飛雲天……

很少有茶寨，經歷如此起伏和接踵而來的持續高潮，近乎夢囈般的多年狂熱。唯一能比的還有臨滄的冰島。但我們在那裡紮根不深，可以輕描淡寫，舉重若輕。

在班章很難，我們太投入，動情太深。

對班章人，到今天還有牽掛，對班章茶，只有感恩。

二〇一〇年，第一次上布朗山，那時去老班章，山路迢迢，百般磨難，路面破爛不堪，水坑和泥漿窟窿一個接一個，二、三十公里山路，顛簸好幾個小時。

在景洪請來的司機，心疼漂亮的越野車，被弄得滿身泥巴，幾次想回頭下山，不幹了。他的休旅車不是用來爬山的，是用來在城裡柏油馬路上耍帥的。

好說歹說，加上可觀的小費，搖搖晃晃又折騰了兩個小時，才開到一個山寨門口，看到上面寫了「老班章」三個字，總算到了。

班章寨的門口，有人把崗，茶葉只能出不能進。因為寨裡駐守的主力茶公司包下三分之二茶農的鮮葉，老樹小樹，只要寨裡茶園採的，照單全收，全部統價。

就算這個鮮葉價，也比外面寨子製成的乾茶，貴出很多倍。

難怪要守著寨門，不讓外面的茶混進來。

這個統收作法，對大茶商而言是必須的，因為無法分別那麼多農家哪些是古樹鮮葉，哪些採自小茶樹，所以統包一個價，便於管理。

他們做的是老班章的名號，以班章茶為號召，著眼點是老班章本寨的茶。

在寨子裡，另有二、三十戶茶農獨立單幹，大多家裡老茶樹多，資源雄厚，不願接受一個統價，寧可自產自銷，自己面對下游的客戶。

我們只求班章古樹茶的想法，在頭幾年還是被這些茶農們接受的。當時普洱茶還沒從二〇〇七年崩盤中恢復，茶農歡迎客戶，很熱心，如果能預支茶款，助其建房，更是感恩，會全力配合。

寨裡都是哈尼人，性情熱烈、好客。跟茶農談得來，能在一個鍋裡吃飯，一張桌上喝酒（喝茶不算），基本上你就可以去他家茶園裡挑樹，想採哪棵就哪棵。

當時大部分客戶，不會幾千公里跑來茶山督戰，來了也不是為了挑茶，而是盯住一戶人家的茶葉統收，因為茶價還不算太高，是班章就足夠。

農民自己只喝黃片（成熟的大葉），煮了喝，又香又甜，並不在意什麼特別大的樹。

全村除了一、兩棵公認的茶王樹，別的高大古老的茶樹，並沒得到矚目，那時沒什麼人在專心做單株古樹的茶。

開始的時候，在落腳的楊家和他兄妹手裡收的單株茶，公斤價只比通常的古樹多一點，象徵性的，多給還不好意思要。

在他們心目裡，這都是一樣的古樹茶。

二年後不同了，單株要比普通古樹翻一倍，特別的樹，開價就是二、三萬人民幣一公斤，還要爭搶，沒有哥兒們關係，沒人會留給你採！

樹王級的，更是公開叫價，猶如拍賣，價高者得。

這時候只能慶幸來得早，跟農民再怎樣，還是關係夠鐵。就事論事，也是早年老客戶。跟現在蜂擁上山，一波波潮水來去的茶客、茶老闆，還是不一樣。

我們接下來講的班章古茶樹，無論是姊夫家的，還是大哥家的，都是從楊七中家生發出來的，他家是我們進入班章收茶，打開局面的起點。

姊夫是楊七中的姊夫，大哥是他的長兄。

我第一次進寨，就遇到他媽媽，結識了這個農民小弟，喜歡他頭腦清楚，辦事敏捷，可靠，也喜歡他家目光清澈如水的男娃，還認了乾兒子。

那天他請了半個寨子的人來喝酒、殺豬，擺宴席慶賀，在他們哈尼族傳統裡，這就叫認了親家，不管以後怎樣，都是打不散的「親戚」。

我跟這位小弟一見如故，連續幾年坐鎮他家，後來老班章如日中天，茶商雲集，他又能幹，找上門的老闆應接不暇。我們執著只挑最好的古樹茶，繼續下去會讓其他客商不爽，別人訂的量大，要的就是老班章茶，一個價。

二〇一四年後，收茶的重點轉向古樹眾多的姊夫土大家，他家有多片密集老茶林，兄弟幾個門路也廣，被我挑走幾十斤古樹茶，影響不到他的銷售大局。

姊夫土大家的高樹

土大是個內向的人，喜歡做事，不愛講話。

認識他有幾年了，他家的茶以前也喝過，喜歡。他家的茶園有好多片，最好的那片，在朝南的山坡上，可以俯瞰寨子的全景。在這片寬闊的古茶林裡，原本有幾棵參天大樹遮蔭，陽光和陰影剛好參差，土地上也有野草，茶樹雖然古老，但長得旺盛，滿枝綠意盎然，芽頭壯碩，採掰時會嘎砰作響。

在這片茶林，選定四、五棵特殊的大茶樹，蒐集單株茶，有的蓬蓬然龐大一株，有的滋味深沉，苦感強，但回甘迅速。

印象極深的是我們稱為「高樹」的這一棵。

這棵茶樹長得出奇高䠷，很大一棵樹，遠遠看，顯出幾分亭亭玉立的挺拔俊俏，算是認識的班章古茶樹中一枝奇秀。

藍天如洗，高挺的樹幹在太陽裡閃耀白色的光，樹下滿地青草，大樹的結構分成上下兩、三層，可以幾個人上去，在不同的高度採摘。最頂上的採茶人最幸福，可以遠眺班章全寨，哪家人聲鼎沸，哪家冒起炊煙了。同時，面前的樹冠綻放出無數的嫩綠色，鵝黃色的茶芽，有的已舒展成形，有的還是結實緊裹的芽苞，似乎你永遠也採不完。

春天，站在古茶樹的樹頂，最能感受到它旺盛奔放，乃至恣肆無際的生命力如潮而來。再看周圍，每棵大樹的頂上都是一層綠浪，年復一年，跨越世紀，一浪浪澎湃，你在潮頭之上。

以後做出的茶，就是這股力量的一部分。

高樹的春茶鮮葉，有的年份可達近十公斤，做成乾茶，也有兩公斤，很是可觀。

高樹的茶湯，入口就淳厚的甘甜，茶底雄勁，滋味沉厚，但沒有班章典型的苦，再三回味，也只有一點微苦的木質感。

這樣的茶，懂門道的品其綿厚之茶氣，外行喝勁道有溫潤滋味，都會愛不釋手。

並非老班章的古樹茶都是「苦」字當先，然後迅速回甘，這只能說是主流特徵。老班章寨裡也有苦茶、甜茶之說，更何況古茶樹一樹一性，分開單株採製，千變萬化，每棵古樹的茶都不一樣。

想想，它們不說上千年，也是幾百年獨自存在，自有根系，吸收天地雨露，自成一個世界，出來的茶當然跟另一棵古樹不同。

土大家的另一片茶園裡，還有一棵奇樹，奇苦無比。

那種苦是我從來沒喝過的，徹頭徹尾的苦，一口茶湯落肚，就像圓圓的石頭一樣，沒有邊角，沒有鋒利，但一直沉沉苦到心底，絕不回甘。

不過，這是一種令人沉靜，可以享受的苦。

真是奇了，深吸了幾口涼涼的氣以後，心口卻是莫名的舒坦暢通，全身心都徹底鬆弛。

跟著土大，我們去看過這棵樹，它貌不出眾，不高不大，最多也就中等個頭，樹幹約碗口粗，位置微微有點背陰，但每天還是晒得到一點陽光的。

老班章的山水風土，知道什麼原因造成了它極苦涼的茶感，他家那麼多茶樹，只有這麼一棵如此，真是神奇。

只能說天地造化。

班章寨，這十年的變遷，天翻地覆。

這裡是雲南古樹茶大潮澎湃、錢浪滾滾的縮影，也是大陸經濟騰飛的一個縮影。

這十年，雲南古茶山的不少茶農，從茅草屋搬進了別墅，從嘎嘎作響的老舊摩托車換成了烏光發亮的寶馬或豐田越野車。

在老班章，茶農搬進了面積廣大的水泥「宮殿」，每一層有十來個臥室！雖然他們農閒時都住在勐海城裡，在那裡也置辦了房產和店鋪。

來往的汽車從以前幾人合夥買的東風、長安越野車，換成了一家好幾臺全進口的越野車或房車。

茶農發了，有錢了，有沒有更幸福？不知道。

如此經濟條件，市場熱潮，最後會反映到茶葉上，也是顯而易見的。

茶越來越貴，好茶越來越少，結果是茶葉更貴了，人們紛紛出高價，為了得到稀有的好茶，再下一個結果，就是濫竽充數的茶更多了，作假、混茶的利益更大了，好茶更難得了。

這是歪理，還是至理呢？

到今天，我還是相信，如果是班章的純粹古樹茶，現在茶價仍然合理，還有上行可能，畢竟中國只有一個老班章，寨裡的古茶樹雖多，仍然有限，古樹茶是一種珍稀的資源，無法增長。

如果全班章的茶都這價格，則有泡沫化的風險。

十年前，對班章茶農說，這的古樹茶在山上早晚能賣一萬塊一公斤（人民幣），農民不相信。現在他們覺得，如果純粹古樹茶，這還太少了。

可能的，但全寨子的老樹小樹茶都這樣賣，很難長久。這只是收購價，茶商如何再賣出去呢？

雲南的古茶山，地域廣袤，還有數以百計的村寨有古老茶樹，而且風味茶韻各有千秋，仍在價廉物美的階段。潛在的黑馬無數。

當然，班章可以說，你看看臨滄的冰島老寨。

的確，冰島的古樹茶超過班章茶價數倍，但冰島老寨的古樹茶產量稀少，傳奇色彩濃烈，炒作狂熱。班章的古樹茶一季是冰島的很多倍，如果算上全村的小樹和臺地茶，產量頗為可觀。

這是茶山縱橫論，就此打住。

回到我們在班章寨這些年蒐集的單株茶，前前後後大約有十幾棵，來自六家不同的茶農。

我們在老班章收的第一棵單株茶，是七中家的最大棵茶樹。

楊七中家的最大樹

七中的茶林相當遠，開拖拉機過去十分鐘，從茶園回望班章寨，隱約一片藍色屋頂，掩映在綠蔭籠罩的山坳裡。

楊家的最大茶樹，站在路邊，同時也是他家茶園的起點，熊熊壯壯的一大團，寬闊枝葉一直伸到地上，濃密罩住大部分的樹幹。

從頭到腳，各方向都發出茶芽，滿滿一棵樹上下全為嫩葉，豐滿而惹人喜愛。

這塊茶林位於一面山坡，順坡而下，裡面大茶樹不少，雖不是高聳驚人那種，但都枝葉茂盛，樹冠圓碩，茶林管理很細，全部手工翻土除草，七中很寶貝這片茶林。

站在一眾茶樹裡，這棵最豐碩，但沒顯出特別高大，仔細丈量根部的樹圍超過一公尺，高度和樹冠的幅度，也相當可觀。

實力雄厚的大茶樹，產量也豐盛，鮮葉有十公斤。

殺青時，下鍋就芳香四散，青翠山巒呼之欲出，很迷人。出來的茶湯，一口就是大開門的班章格局，苦而有勁，瞬間回甘。苦和甘甜同時而來，餘味綿綿，有股山林氣。

茶園裡別的大樹，都做在一起，變成了我們早期老班章茶的主力，茶質很深厚。

在後來眾人追求單株的風氣裡，更多古樹分開採製，做多了，對整體茶園的茶質也有影響。

茶園山坡的最下面，有兩棵相依相伴，盤根錯節的古老茶樹，那是他的親戚三忠才家的。

三忠才加入陳昇號的包茶計畫，所有鮮葉都交陳昇號，但在二〇一四年茶價飛漲時，陳昇號為了安慰簽約農戶，允許每家選一、二棵大樹，採鮮葉自由買賣，按單株收高價。

也就這樣，才跟這兩棵古樹結緣。那天去茶園，恰巧他夫婦在樹上採茶，人早就認識，大樹也看過，只是以為都簽給陳昇號了。正好，那年他們可以自由買賣這兩棵古樹的鮮葉。

收古樹茶，絕對有緣分這一說。

茶出來，一品就驚嘆不已，極致好茶，寬厚的茶氣直沁心脾，滿口潤香，滋味十足，但跟七中家的大樹又不同，都長在一塊山坡上，距離三、五十公尺。老班章的古茶樹，真是深不可測。

大哥家的大茶樹

楊家大哥的古茶樹，是我們在班章此趟最壯觀的一棵。

進寨的頭幾天就耳聞楊家大哥有棵雄偉的茶樹，長在村子另一頭的茶林裡，連在古樹成群的老班章寨子，也能排上前十幾位，算得上樹王級別。

沒見到茶樹前，大哥拿來前二年剩的一點茶品嘗，果然驚人，茶湯入口很震撼，強厚茶氣直沉丹田，來不及感受茶味苦甜，渾身已經發熱了。

仔細回想，苦感和回甘幾無前後，交織深厚的木質香，因陳化而更強烈，熱熱茶湯下肚，舌面上竟是苦涼的。這棵樹，以前被大哥的茶商專收，近來大哥想另找主顧，看我們入迷古茶樹，就來問問有否興趣，價格自然比寨裡的其他樹貴很多。

後來收了這棵樹三、四年，每年春季乾茶都有近四公斤，真是一棵龐然大樹！

初次去看這棵樹，正是黃昏，山野暮色四起，寨裡炊煙升起，離開很遠，就隱約看見一個如小山般的高大樹頂。

「是那棵嗎，這麼高？」「沒錯，就是它。」七中自豪地說。

來到張開如傘的寬碩樹冠下，我們知道任何自豪都恰如其分。這棵樹的身形威猛，樹齡高遠，依然長勢極好，活力在每根枝幹上奔流，沒有蹉跎和老邁痕跡，主幹長了苔蘚，粗厚樹幹一摸硬梆梆的，緊密結實，通常只有年輕，充滿養分的樹幹才這樣堅挺。

而它，起碼已經幾百歲了。

一棵茶樹的身軀大小，爬上去才知道，我在它的樹冠裡拍了一、兩個小時照片，還沒拍完它的一半。雖然對自己攝影向來自信，到了這棵樹上，就難了，怎麼也拍不出它的氣勢和闊大體魄。

二〇一七年秋，最後一次上班章寨子，專程去看這棵古樹，再次拍了很多照片，居然在電腦裡全失蹤了。這在我三十年拍照生涯，從未發生過。

也許就該如此，認了，有它的數年好茶，已是神仙眷顧，謝謝七中，也感恩大哥想到我們。

謝謝班章寨子，這樣的古茶樹，是人類幾千年茶文化之福。希望此地滿山遍野的古茶樹，安然地繼續走下去，超越我們這代人的記憶和有限。我們永遠無法跟古茶樹站在一個水平上。無論喜愛、崇拜，甚至想擁有，都是人的盲目自大，不成比例的。

人活一百歲，對千年古樹，也僅僅童年！

古茶樹的意義，分分秒秒如一個巨大比例尺在前，讓我們變得渺小，變成滄海一粟。

PART 7

臨滄，從南美樹王到冰島寨，永德大雪山

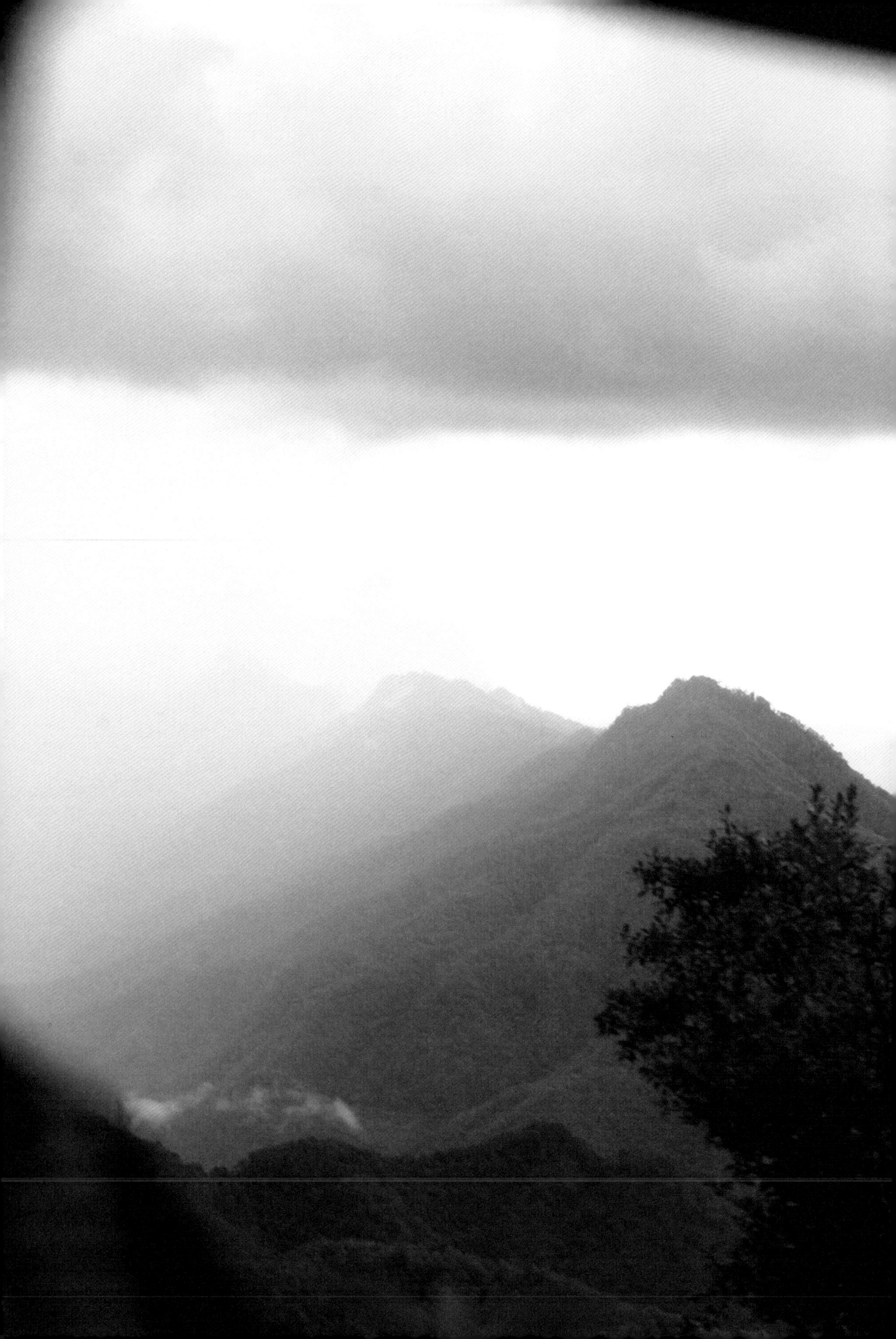

南美這名字，聽上去有點異國感覺。

此處說的南美寨，屬於臨滄一個拉祜族自治鄉的茶寨，跟蜚聲四海的冰島老寨隔了一條勐庫大河（實為一條山溪），遙遙相望。河對面算勐庫地區，就是著名的勐庫大葉種之發源地。河這邊的重重山巒還算臨滄城的臨翔區管轄地域。

南美的古茶樹，雄偉高大，有的氣勢磅礡，震撼人心，就算我們見慣了大茶樹，還是忍不住驚嘆。

偉哉，雲南的種茶先輩。

此村的茶樹身形極為強悍粗壯，但知道的人並不多，茶界談論的人更少。

我們認識南美，也是偶然的人緣。早年團隊有個臨滄姑娘，她繼父在文革年代下鄉，曾見過一棵碩大無比的古茶樹，至今難忘，具體位置在哪裡記不清了，他的記憶恍惚是在南美。

三十多年過去了，她也不知道，這棵樹還在不在。

我說那好，哪怕不去冰島，這棵古樹也一定要找到。

到了臨滄，便力邀她繼父（在當地做記者）當嚮導，第二天直奔城外幾十公里的偏僻山鄉南美。

南美幅員很大，既是鄉名，也是一個寨名。該鄉的居民多為拉祜族人，原為遷移民族，居無定所，生活習俗跟漢人不同。現在有些漢化了。南美鄉的集市，攤販賣得東西也是內地來的。

南美和冰島遙遙相望
兩棵茶王樹
的故鄉

南美寨，喝出蒼茫

在鎮上打聽，那棵巨大茶樹還在，屬於南美寨，從鎮上過去幾公里的山路就到了。

這一趟南美，帶給我們的驚喜遠不止這棵龐然大樹！

南美寨無名，卻是地道的古茶樹原鄉，寨裡寨外，古樹隨處可見，更有成片成群，而且出來的普洱生茶，茶氣遼闊、蒼茫，大山大水的寫照，跟臨滄兩大頂級茶寨：冰島、昔歸，風格殊異，自成一絕。

二〇一二年，跑了半個雲南，如此奇絕的大茶樹從沒見過。

二〇二一年，全雲南的茶山差不多走了一遍，還是沒見過第二棵樹貌如此奇絕，老枝飛舞的古茶樹。

不知道，它活多少年了，好幾個世紀了吧。主人家說，這樣老邁樹枝亂舞，枝葉稀疏的狀態也有很多年了。

年年還有新茶，就一小點點。

豈止是飛舞，根本就是在空中狂甩！巨大的一棵樹上，樹枝似乎比樹葉還多，但每年仍然微微繼續發芽。

活得很蒼涼，但沒有死。

它的頑強生命力，不是表現在綠葉和新芽上，而是透露在那無數奔放、張揚的樹枝上。

仔細看，每一根主幹和分枝都猶如歲月的雕塑，而看著女主人在樹上空手攀爬，採葉，在樹幹上行走如履平地，簡直就是雜技。

不光我們，還有連她的女兒和女兒的女兒，都在樹下目瞪口呆。

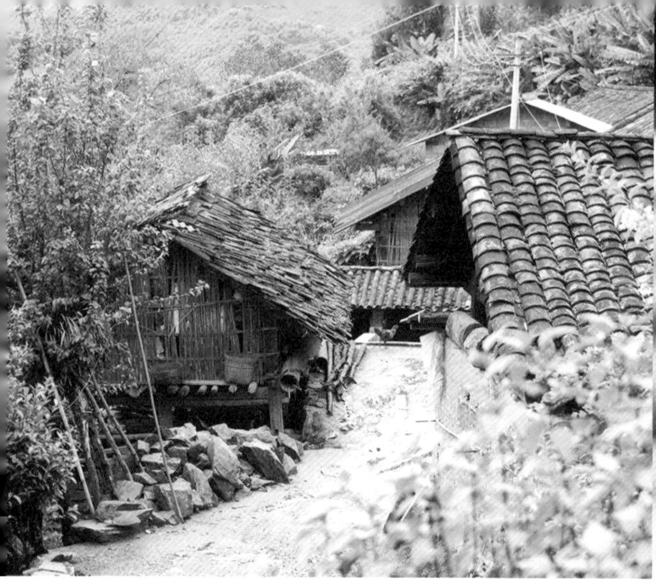

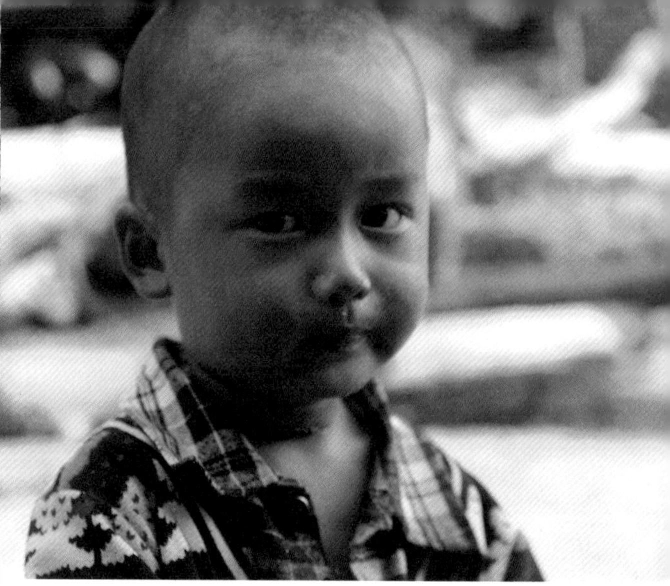

這不是一棵古茶樹，而是一個天地山川的嘶吼，它沒有多少茶葉，但是它有威、有勢、有風采。

這是真正的樹中之王。

它再一次告訴我們，古茶樹不是為了貢獻茶葉存在的，更不是為了我們存在，它就是一棵大樹，一個博大宇宙的獨立生命，有自己的意義。

最晚，看到這棵樹，就知道南美茶樹的源淵很深，很長。

後來我們還得到其極為珍罕的一點乾茶為樣，不到一百克，仍然感動，從內心敬拜這古老彌堅，倔強不屈的茶樹之魂。

這樣的茶不可能喝，供著還來不及。

南美的寨子不大，但古茶樹眾多，村頭村尾，處處閃出它的魁梧身影，有的農民家門口就一棵，還沒驚嘆完，後院還有二大棵。

村長家裡，連土牆中也長出一棵茶樹，讓人稱奇。

在村裡小路上走著，路邊就不時冒出壯觀的老樹，全是烏黑光滑的強大樹幹，異常厚實，大樹上部的分枝舒展，葉子也大，呈深綠色，但仍屬栽培型的古茶樹，跟雲南西北部的昌寧、龍陵縣常見的過渡型野生茶樹還是不一樣的。

不過，跟西雙版納六大茶山多見的淺白樹幹秀氣古茶樹相比，則明顯不同樹種，可能樹種也受地域的變化影響。此地海拔比版納高很多，氣溫低，已經不算熱帶雨林氣候了。

大樹長得更高、更猛，野性而蓬勃。這些大茶樹的一根分枝，常有版納六山茶樹的主幹那麼粗，真是宏偉。

一方風土、山水，養一方人，也造就一方的茶樹。

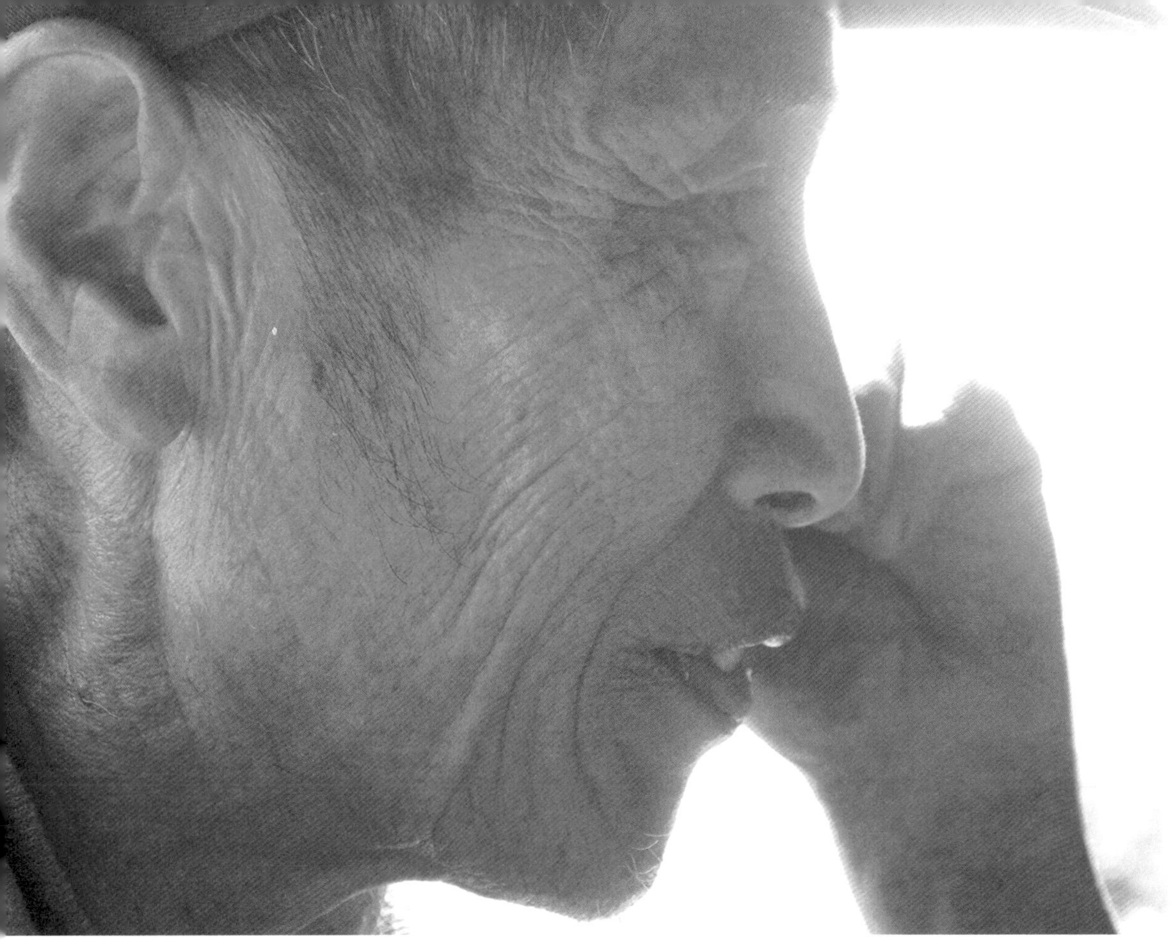

李家茶王樹

回到我們來南美的初衷，尋找同事家人文革年代見過的那棵奇大茶樹。

傳說籠罩的古樹真的還在，描述一點不誇張。這茶樹的樹幅龐大寬廣。去的小路上，要穿過一片茶林，等你看到它驚人的五根樹幹，已被它大手大腳完全抓到手心裡了。無邊的樹冠，在我們頭頂上遮天蓋地，重重疊疊，陽光只能艱難細碎地穿過縫隙，無論望哪看，都很難超出樹頂的邊沿。

樹幹之壯闊，兩個人伸開手臂也抱不攏，主幹分幾支，每支根部圓周都近一公尺！這麼宏大的古茶樹，在老六山一棵沒見過，連傳聞的都沒有！

在勐海的老班章也沒有，在普洱景谷的黃草壩有一棵接近大小的，但它是過渡型的半野生茶樹。在更西部的昌寧，龍陵，我們後來見過可以跟它比較的大茶樹，有的更高，都是過渡型的茶樹，就是當地人說的「紅褲茶」、「綠褲茶」。

過渡型的茶樹大都高挺緊密，樹冠為直立的橢圓，很少如此寬闊，巨傘般的大樹冠，這是栽培型古茶樹的特徵。

我們全雲南所見，古茶樹長到這般巨幅，還有兩棵，一棵在臨滄市，鳳慶縣香竹箐村的世界級茶王樹，規模更大，受到高度保護。經考證，那是樹齡達三千多年的栽培型古茶樹王。

還有一棵，是我們在騰衝有幸收穫的壩外茶王樹，也是樹分四、五桿，高大壯闊。知名度比南美高很多，在全保山五縣也能排上名次。

不過，壩外的古樹，樹姿巨大，茶葉不多，而南美這棵的茶量驚人，我們認識它的第一年，收穫十公斤乾茶，採下的鮮葉要四、五十公斤之多，如小山般一堆！

什麼叫大茶樹，這就是極致，我們認識的任何茶樹，都沒有這樣的。

可惜，接下來不得不說可惜了。這棵大樹歷經風雨，包括土地改革和文革，安然無恙，在我們跟農戶簽約守護它的第二年，就遭受嚴重的蟲害。這跟周圍的農田有關，它一面依傍茶樹林，另外三面就靠著玉米地，農作物打藥，害蟲全往茶樹上跑。因為古茶樹全天然養護，不打藥。第二年春天上山，看到它的時候，幾乎全樹的成熟葉都被小蟲吞噬過半，看上去觸目驚心。

偌大一棵古茶樹。可能遙遙千年走來，竟被這些微小的農業害蟲折磨得死去活來，也是大砍森林之害，生態環境變了，古樹沒有原先的森林環境，自然抵抗力衰弱。

農家主人在等我們決定，該怎麼辦，要不要打藥？不打整棵大樹都可能要死！挽救古茶樹要緊，顧不上考慮以後的茶葉和協議損失，要殺蟲打藥，接下來幾年只能放棄採茶，好好休養生息，起碼要歇幾年。

幾年以後，茶山天翻地覆，又是另外的故事了。

一言以蔽之，茶樹偉大，但緣分短暫，在它漫長生命裡，連一瞥都不算，對我們是永遠抹不去的記憶。

看過這樣的樹，喝過這樣的茶，也就古人所謂的曾經滄海吧。感謝南美，還有我們雲南小同事和家人。十多年見識那麼多古茶樹，一路不知有多少人相助。

王家肥樹

第一眼看見王家的大茶樹，是走在村子裡的小路上。

土路在坡上，比那家院子高，隔著圍欄看見樹叢裡露出來一截肥碩的古老樹冠，綠油油地發滿新芽，就戲稱它「肥樹」。

是誰家的，那時不知道，連怎麼進他家院子，門在哪，也不知道。

我們正要去村長家，就先辦完事，回頭再找這家主人。

返回路上，繞著農院圍欄轉半圈，從另一邊下坡，才找到農戶白牆灰瓦的老房子，院子座落在半坡上，房子比較低，後面的側院往坡上伸展。

進到後院的坡地才看到，那棵茶樹外面所見的只是圓胖胖的樹頂，其實裡面還有高聳挺拔的一大截雄壯的樹幹，濃蔭矗立，應該叫「高樹」才對。

坐下一聊，主人叫王恩茂，他家園中間還有一棵相對瘦直、高眺的茶樹，便直呼高樹。而這一棵雄偉屹立的大茶樹幾年下來也沒擺脫「肥樹」暱稱。

南美王家的古茶樹，相對而言，容易被同事忽略，因為它沒前述兩棵茶王樹那般震撼，換在別的寨子，這麼高大豐盛的茶樹沒準也稱王了。但在南美，它就是王家「肥樹」。

我自己對它，一直情有獨鍾。

因為茶喝起來雄渾有力，滋味濃厚，茶氣澎湃，可以想像嗎？這樣的意境，千山萬水都在眼前。

南美的茶就這樣，一喝就想起兩個字：蒼茫。

加上此地的粗茶，早先都在農家的廚房製作，農院攤晒，難免的煙火味，更平添幾分的滄桑之氣。

我曾經想過，南美的古茶林密集，茶樹巨大，茶韻深厚，茶氣更是如此迷人，為什麼一直默默無聞？

其實每年春季收茶的茶商絡繹不絕，可能都拿去當作周圍勐庫的著名山頭的茶叫賣了，沒人有興趣讓外界茶客知道還有南美寨這樣的寶地。

最近幾年，更有人開始把南美寨納入了大冰島茶的概念，其中意思也更加不言而喻了。

冰島一日，外面數年

南美寨和冰島相隔的
勐庫大河
平時是一條湍急的山澗
山洪一來就是大河

跟南美的幽深恰恰相反，勐庫大河對岸山上的冰島老寨炙手可熱，名聲如火如荼，地位猶如帝皇。雖然冰島寨山高路遠，比到南美寨艱難許多。

冰島寨的茶炙手可熱，價格如火箭升空，二〇一五、一六年升到五萬元人民幣一公斤，這是雲南日報發表的茶寨收購報導，未必就百分百古樹。如此高價之下，作假或摻混的誘惑巨大，純真的冰島古樹茶近似神話了。

要找純真的老班章古樹茶，努力一下還有可能。

純正的冰島茶，十年前有可能，現在只有萬一的可能。

此寨古茶樹存量不到班章的十分之一，大古樹多被茶商簽約收購。就算在寨裡簽下幾棵樹，也做不出多少冰島古樹茶，那是招牌，否則沒人信你。

包樹的也未必個個上山，許多委託茶農收製。樹多的人，會派親戚小弟來看守，能不能守得住，也不知道，四面都是陷阱。

我們初上冰島寨的二〇一一年，還是老寨的風貌，彎曲土路穿過村裡，前後兩排老舊的農屋，只有個別人剛蓋了新房。

那時的冰島老寨，震動我們的就是農院前後，路旁隨處聳立的高大古老茶樹，跟南美一樣黑黑的大樹幹，鬱鬱蔥蔥，大都還沒掛茶公司招牌。

其實，此年的冰島寨已列雲南，乃至中國最貴茶寨，但還是深山老林，令人不安的大喧囂還沒到。

茶也純正，到農家還能喝到本地茶，是否古樹，就看道行了。農民自然拿小樹茶考你，喝得出來，才有繼續探討的機會。

我們跟一戶農家有眼緣，收到兩種不同的冰島古樹茶。一個香甜，異香撲鼻，稱為「甜樹」；一個微苦，叫「苦樹」，都茶力深遠，回味有境界，但農家跟別人有約，無論如何只肯分我們一部分。

「明年早點來，都做給你們！」農民這樣許願。

他不知道，我們也不知道，這樣的冰島茶就是最後一年了。

二〇一二春，二上冰島寨，全村地覆天翻。

村裡建了寬大水泥路，老宅大都拆了，新建了琉璃瓦的樓房，上面再鋪一層稻草，為了比較像山區建築。

村中央建起巨大的停車場，原來在這的古茶樹去哪了？

廣場周圍倖存的古茶樹被建築垃圾和水泥圍繞，村裡的古樹生態環境受損不輕，幾年也未必緩得過來。

百分之九十九看到的古茶樹，都掛上茶公司招牌，有的寫「簽約專屬」，有的是某公司的冰島古樹茶基地等等。但不少樹，茶芽發老了沒人採，茶農還在暗示，願意出價錢，立馬採鮮葉給你。可能簽約公司只掛牌，並不真收茶，或他們自己不來採，茶農就一棵樹兩賣。包樹都是按年付費，不管多少茶葉量。

茶村巨變，來自地方上的扶貧，把古寨升級換代，開發觀光。這變化對茶樹未必有利。後來聽說又在拆遷村屋，讓村民搬出古茶樹核心區，這是新方向。

此情此景，我們心都涼了，在熟悉的茶農那精挑一公斤古樹春茶作為標本，就此下山，告別冰島。以後，再也沒有上去過。

那年，為了這些茶，我們付了冰島寨的最高價（約為對面南美茶的二十倍）。

三年後，這個紀錄又翻了將近十倍。

寨名叫冰島，但茶山烈焰騰騰，茶農數錢數到手軟，紙醉金迷。古樹茶熱潮，在臨滄比版納老六山和老班章都提前了一年！

在臨滄的另一名寨，瀾滄江畔的昔歸老寨，緣分也只有一年，二〇一二年春天再去，已是另一個世界了。

一年前熱情擁抱我們的茶農，院裡坐了七、八個茶商，在等著頭春茶採收。

雖然農民說，你們還是優先。但這樣爭搶，古樹茶的純粹無法保障，是時候離開了。

我們只能慶幸，一年前就來了。

二〇一二年以後，南美樹王蟲害，加上惜別冰島、昔歸，我們探索古茶樹的目光離開了臨滄，移向其他更偏僻西北茶山。

有好幾年，只是在往來雲南西端的保山茶區和版納、老班章途中在臨滄歇腳，因為正好在當中，很少走訪臨滄茶寨，到處都太熱門，高度商業化了。只見人民幣飄飛，哪裡還看得到茶樹啊。

二〇一五年春天，我們短暫走訪鳳慶的香竹箐，去向那棵聞名於世的最古老栽培型茶王樹致敬。

再訪其他臨滄的茶山，已是二〇一七年春天，離開我們的南美，冰島之行整整五年了。這次去了永德大雪山茶區，也為了彌補我們在雲南古茶山認知的一塊空白。

永德縣，在臨滄最西部，靠近保山地區的施甸縣，在臨滄算是邊遠。

臨滄，永德縣

大雪山的名稱動人，其實只是永德的山嶺較高，冬天有積雪而得名，跟靠近青藏高原的四川終年積雪，六、七千公尺高的磅礡雪峰不是一回事。

在雲南，山頂有雪就很了不起。

到了永德的第一眼，完全驚訝這裡的都會化規模和開發熱度，大陸這三十年的經濟只有飛黃騰達可以描寫，在大江南北都留下了巨變的痕跡。還好，這樣大興土木，都集中在縣城。

一出城，上了山路，大山大嶺的氣勢就出來了。

永德地廣人稀，群山連綿，沒有奇峻的險峰，但山勢雄偉起伏，大都土褐色山脊無窮盡地伸延，綠色森林都在山谷鋪展，陽光充足，空氣乾淨而透明，車開很久才看見陽光下燦爛的一、兩個村寨，遠遠站在寂寥的山野之間。

我們去的是平練、老虎寨、大平掌，烏木龍……

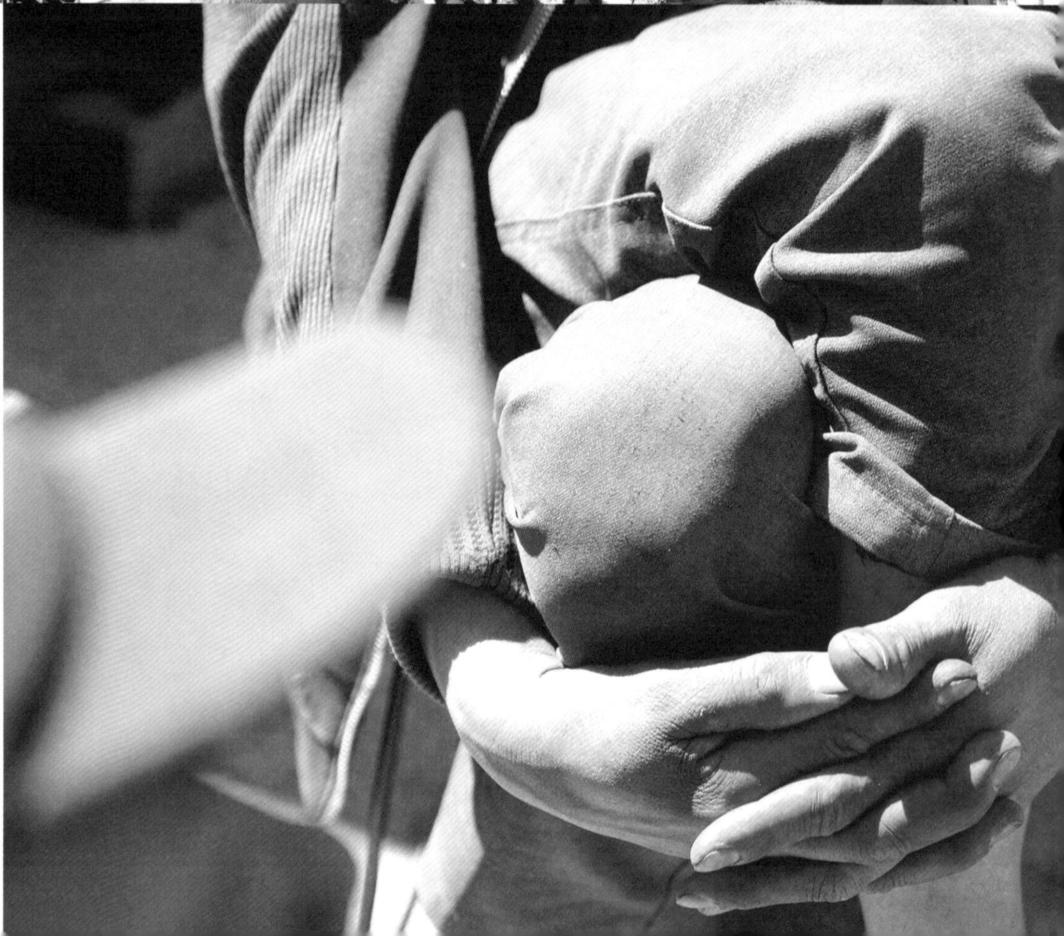

永德大雪山

那裡山高地遠，以前極為偏僻，現在修了公路，生活仍然不便，屬於臨滄最艱苦地區之一。

在此地的山嶺之間有很多古老的大茶樹存活了下來。栽培型和過渡型野生茶樹都有，但樹種和雙江、南美的黑皮大茶樹明顯不同，樹幹淺色發亮，但同樣又高又壯，枝繁葉茂。

該地的居民，漢人和原住民族都有，烏木龍是彝族鄉，近半居民是彝族的特殊支系俐侎人，男女都是一身黑衫。

女人裹一個很大而漂亮的黑色頭布，搭一條彩帶，配個彩包，十分俐落颯爽。

小姑娘就包一個黑白格子紋路的頭巾，天真秀氣。

在平練鎮附近，已經看到了成排的高大古茶樹，野生型的姿態高高站在田野之間，村頭屋後。到了老虎寨，古茶樹更多起來。

在寨子裡還有典型栽培型的古茶樹，樹姿蒼勁。來往的俐侎族女人也大都背著採茶簍，剛從茶山上下來。

簍裡的茶芽，細長而結實，很有韌勁。

大平掌，李家白皮茶樹

大平掌的李家主人，帶我們去看了他家的一棵白皮大茶樹，一路過去，已經見到七、八棵惹人注目的老茶樹。

最後，來到那棵大白樹面前，見過那麼多古茶樹，仍然一震。它有一根近乎純白色的主幹，粗大如橋墩一般，在夕陽裡發亮耀眼，上面滿蓬蓬的一頭密如頭髮般的枝葉，從枝椏的底部就開始發芽。

其實，它的樹身相當高，但是太粗壯了，顯不出來高度，你只看見它寬碩伸展的、白亮亮的樹幹胸脯，注意不到樹的上端和根部。

這是一棵白色巨人般的茶樹，葉子卻是深綠色的，看樹形和葉子，應該是屬於過渡型的野生古茶樹。

李家白皮茶樹

當地人也稱這種樹叫「白茶」，跟江南的白茶不是同類，而是指雲南大理種茶樹的一個分支。屬於野生和栽培型之間的過渡品種，茶性溫和滋潤，有香氣，但不容易泡出滋味，較淡。

章太丫口的藤子茶古樹

永德大雪山西北麓的老茶樹，比較有特色的大致屬於兩類，一類是大樹幹光亮，葉子濃綠的「白茶」。一類是當地茶人稱為「藤條茶」的古樹，應該是栽培型的一種變異。茶芽很長，向前延續不斷發芽，採下來類似細藤狀，清香馥郁，滋味柔潤，容易上口。

我們在烏木龍的章太丫口，專程尋訪過一棵巨無霸形態的藤條茶古樹。

半圓形豐滿、舒展，蓬鬆張開的樹冠，顯出栽培型古茶樹的特質體態，渾厚的主幹分成了七、八枝，每一枝都很粗大，上面可以走人，樹冠的高度也有十公尺左右。

主人家的女兒在樹上如走平衡木，嬉戲玩耍，一旁坐著寬大黑巾裹頭的俐侎老婦人在推梭子，手工織土布，周圍發生什麼似乎都與她們無關，也不在乎今夕是何年，在傍晚浮起的暮靄裡推呀、推呀，她們的專注讓你忘記了一旁的大茶樹是何等驚人。

只要這一棵千年茶樹，就讓你明白，這個俐侎人村莊的祖上，跟茶的結緣很深，非常久遠。俐侎人是世上最早種茶、喝茶的民族之一。

臨滄·鳳慶

鳳慶，本為臨滄邊緣，靠近保山昌寧，但這裡出了滇紅，名揚天下，又出了香竹箐世界最大茶王樹，揚眉吐氣，在雲南茶山譜系站在第一排位置。

不過，名氣歸名氣，滇紅品牌響亮，隔壁的昌寧紅蒼勁一絕，如果絕對用古樹料的話。

古茶樹在昌寧、在鳳慶，在山野村頭處處可見，野生和過渡型茶樹的身姿居多，就是樹身高聳，主幹極圓厚，漿汁飽滿欲裂，樹皮淺色，葉子深綠的那種茶樹。

在此地，像版納老六山那種淺色樹幹，栽培型古茶樹反而較少，在小彎村香竹箐的錦繡茶王樹更是特別。它是世上已知最古老的栽培型茶樹，考證的樹齡在三千二百到三千五百年之間！

數字很驚人，但普洱遠縣千家寨野生茶樹王的確認樹齡兩千七百年，並非倒錯，而是自然的。這是我們人類認知的限制，一定還有三千、五千年，甚至更古老的野生茶樹未被發現。茶樹的漫長演變和進化，以萬年數計，人類喝茶的歷史可能漫長到不可想像，而我們以百年、千年格局去推想，很短視。所有最大，最古老，都是已知的、有限的，未知的才是廣大無限的。

我們對人類和茶樹接觸的原始歷史認知很少，接近空白，才會找到一棵古茶樹，就能把人類種茶的歷史上推一千年。

天地悠悠，萬物生存，人是萬物之一，茶樹也是萬物之一，這點我們常常忘記，誤認為人是萬物之主，天下一切都是為人服務的。

大茶樹蘊含天地精華，芽葉可以製茶，但古茶樹，特別是野生茶樹不是為人類存在的，萬物都有自己軌跡和存在意義。歲月綿綿，人善用萬物，所以在短短歷史裡脫穎而出，對地球而言，人類的幾十萬年也是很短的。

感慨結束，回到茶樹。

香竹箐的古茶樹眾多，姿態生猛，野性地長在村街拐角、石階旁邊，或者占了大半個院子，有的原本就是過渡型的野生茶樹。

顯然，村裡先輩對茶樹的態度是崇尚自然放任的，跟他們房子共生共存，天人合一的智慧潛移默化，或是原民文化的自然觀和敬神觀，雲南的少數民族常常視茶樹為神靈。此地古人景仰茶樹，燒香祭拜，載歌載舞。

現代人對大茶樹王的敬仰，把它用圍牆和柵欄包圍，猶如博物館，而每年收穫的茶葉高價拍賣，同時為全體普洱茶打廣告。

二〇二一年，此樹的鮮葉拍賣到二十萬人民幣一公斤，等於一公斤乾茶近百萬人民幣！當然這是世界級的茶王樹，任何價錢都有它的合理性。

但是，每一片茶葉都是黃金價格的三倍，你不能不擔心這棵樹王的保護和合理採摘的問題。

任何事都有兩面性，天文數字茶價也一樣，風險重重。

這些都不管，大樹本身仍然值得一拜，看到真的大樹，還是超過想像的很多倍。我們認識更高的茶樹，但樹冠如此廣大的，從沒見過，三千年歲月讓栽培型古樹發揮如此風範，可謂氣吞山河。

進入雲南最西部茶區——保山

保山五縣市，縣縣有茶山，散布蒼老千年的古茶樹。有的茶界皆知，有的深藏不露，連鄉村老農也不知。還有的長在叢林，被村民遺忘，無人去採。在騰衝上營找到的三棵老茶樹，如果不是「執意」在林子最深處尋找，也許還淹沒在漫天藤蔓之間。這是我們的幸運，對老茶樹來說無所謂，天地生長，全然自在。

這種奇特局面，並非只是僻塞、寡聞。比如騰衝，號稱中國最美的極邊之地，度假天堂，古茶樹雖巨大，但分散各鄉，沒規模就沒人炒作。當地翡翠生意興旺，動輒數十萬，對茶葉無感。結果造就高黎貢山腳下的騰衝，成為雲南最後一塊古茶樹祕境。

來保山找茶的行家，大都停留在東邊的昌寧縣。那裡靠近臨滄的鳳慶，茶山綿延，有的寨子大茶樹成群，可以量產。對在臨滄收茶的客商一步之遙，茶價是臨滄名寨的十分之一。

PART 8
昌寧，古樹巍然如山

到保山，我們第一站就是最西邊的騰衝，紮根最深的也是騰衝。然後再向東探索，到了龍陵、昌寧。好幾年前喝過昌寧古樹茶，在西雙版納的勐海街市。

當時，我們駐扎老班章，到縣城勐海補充後備，逛茶市看有人叫賣昌寧古樹茶，黃家寨的，茶價僅班章的零頭，看上去成色甚好，至少有不少老樹茶在裡面。秤了一點嘗過，沒有班章強勁，但滋味深厚，有茶氣，不亞於勐海其他山頭，低價販賣，也許想供給茶商拼配用的。

到昌寧後知道，這是當地許多古樹茶的命運，茶底厚實、量大、價低，為批量茶商所愛。出於利益，沒人為昌寧茶搖旗吶喊。

昌寧古樹普洱很難出頭，一直落得為他人作嫁衣裳的命。像莽水鎮的黃家寨、荷街，都擁有大片古茶園，如果在西雙班納、臨滄，早就名聲顯赫，茶價飛昇了。

倒是昌寧的古樹紅茶一鳴驚人，壓得鳳慶看家茶——滇紅——氣喘吁吁。

昌寧紅大都採用本地人稱為「紅褲衩」、「綠褲衩」的大茶樹鮮葉製作，屬於過渡型的半野生茶樹，樹形高大，茶底非同一般。我們來昌寧，也是衝著這些樹體巨碩的半野生茶樹，它們經常成排成片，蔚為壯觀。看此地茶樹氣勢，不亞於聲名鼎盛的臨滄茶區。

過渡型古樹做的晒青生茶，韻味渾厚，茶味偏淡，有讓人想到青翠山色的香氣，喜歡的人很迷戀，不喜歡的喝一口就放下，很難再碰。至於「昌寧紅」倒是轟轟烈烈，成為大都會菁英的一時風尚。

我更愛這些山川大樹做的普洱生茶，在栽培型古樹為主的黃家寨，聯福只是淺嘗即止，焦點集中在巨型野生茶樹聚集的茶山河，漭水沿江村一帶。

去茶山河路上，驚訝連連，不時看見山坡上、樹林間的巨型茶樹，有的劍指天空，有的冠蓋張揚，一團綠色，鋪天遮地，盡現野生型、過渡型茶樹的奔放生命力，震人心扉。

這裡是古茶樹之鄉，一目了然。茶山河的地名也說明了這點。

這裡其實是山，河是一條石頭溪澗，沒有山洪時，河灘淺淺，只是小溪。山坡上有幾戶農院。順著溪谷下去，看到了昌寧最震撼的古茶樹，高度達十五公尺，龐大樹幹三個人抱不過來，樹根從河溪石灘拔地而起，數根巨幹上升，在空中層層分岔、纏繞、伸展，仰望空中樹冠，宛如一座樹幹和枝葉組成的空中之城。

這麼巨碩、巍峨的過渡型半野生茶樹，從未見過！

鳳慶那棵茶王樹是栽培型的，樹冠更廣大，但較文氣，有歷史人文之美，沒有這般的自然雄悍。

鎮遠千家寨野生型茶王樹，更高、狂野，幾乎是森林的一部分，不會讓人想到它是一棵茶樹。

茶山河的巨樹，是千真萬確跟桌上的茶有關的大樹，極具自然風采，野生野長不知多少百年，上面的茶葉養育多少代人。這是自然的奇觀，也是人類史和茶史的奇觀。

我們看到它的時候，還在自然狀態，沒有圍起來不讓靠近，只有一塊小藍色標牌藏在樹後。

還是一棵天然的古老茶樹，有保護價值，但不是文物。

也不是景點，沒有人工步道，但再過二年，就完全不同了。

大窩塘地，
翁老先生的古茶樹

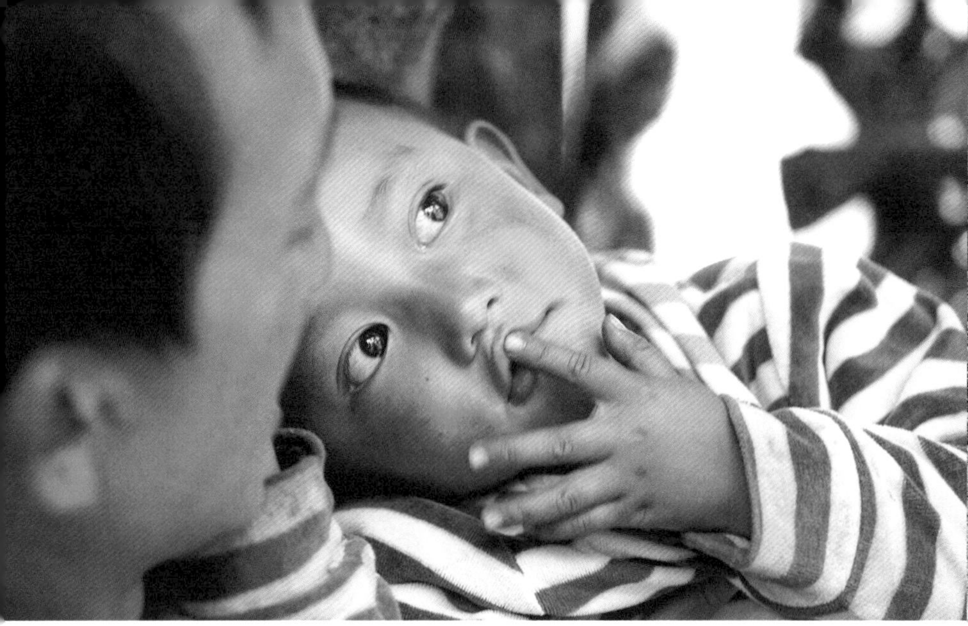

在昌寧茶山河不遠的漭水沿江村大窩塘地，經友人介紹，見到一棵樹態驚人的過渡型野生古茶樹，長在山坳裡，從坡上慢慢靠近，就像巍然升起的綠色山丘。

到了樹前，更是震撼。兩根孿生兄妹般的雄壯主幹讓在樹下丈量的同事和熟人都顯得非常渺小。爬上茶樹的昌寧朋友，在樹上就猶如一個小小孩童。樹皮呈結實有力的白色，裡面包裹了無數力氣，飽脹而硬扎，看不到任何褶皺和斑駁。

歲月幾乎無效，茫茫百年滄桑，沒有在雄偉的樹身刻下蒼老和衰敗。

一棵巨大的古茶樹，全身上下卻洋溢青春的活力。

主人家是以前的小學校長翁老先生，八十多歲，在農村退休，幾間簡單平房，一個小院，清茶淡飯，享受兒孫繞膝的天倫之樂。

他的兒子和孫子帶路看茶樹，孫子那對如水閃亮的大眼睛，跟這棵大樹一樣，讓我想起一個詞：明亮。

多年前在班章寨認識楊七中的兒子，也這個年紀，也清澈如水一對大眼睛。

那時候的茶山，天真無邪。

進了大窩塘地九號的翁老先生家，主人招呼泡茶，這棵樹的茶葉他沒了，去年都賣鮮葉給別人。當下我們敲定簽下這棵樹的協議，條件也談好了。

我們剛離開，別人又找上門，主人家左右為難，聽說是北京的茶商，看上這棵大樹，開了高價。我們也提價，對方緊盯不放，一再叫價，我們就休戰，退出競逐。

不是捨不得高價，而是順其自然，也是這些年慢慢領悟的道理。

奔波多年，踏遍雲南四大茶區，簽約茶樹的商談數以百計，萬事有一個東西叫緣分，該努力的要努力，也要學會適可而止，懂得退讓。

有時候，還要成人之美。

十年尋茶、學茶，也在做人生功課，懂得做事在人，成事在天，人生遺憾難免。

大窩塘地，也算一個遺憾，在雲南茶山上常有的事，如此大古樹，誰不爭先，沒有緣，見一面也此生難忘。

我們在保山的重點，仍然在騰衝和它的周邊。

當初，要去龍陵找茶樹，也是一種好奇，聽說龍陵的古茶樹氣勢壯闊，數量稀少，大多單獨出現，有的一個村就一棵古茶樹。如果有，茶樹都異常高大。

衝著這句話，就想去龍陵看看。

結果，幾年下來，還真跟龍陵的古茶樹結了緣。

頭一次去龍陵，由騰衝同事帶路，他二嫂的娘家在龍陵鎮安，知道鎮上有棵很大的古茶樹。

循著依稀的線索而去，找了兩天也沒打聽到老茶樹在哪？當地人指點了另一個方向，龍陵古茶樹最多的村寨叫「小田壩」，就在出鎮安鎮不遠的地方，高速公路也在它附近經過。

跟著衛星導航，出鎮白白走了幾十公里冤枉路，還上了高速道路，其實要走小路，在鎮安收費站外的高架路橋下穿過去就不遠了。

到了小田壩的大坪子村，外面看不到一點古寨的痕跡，到處新造的街面房子和小店，完全是雲南近年來公路旁新興小村鎮的發福模樣。

知道門路的人，就一直往村裡面走，小路延伸很長，七轉八轉，老式農舍多了，路也變窄了，蒼翠的山崗近了，原野和樹林圍攏過來，終於有些老村落的氣象了。

一眼望去，在小村背後的青翠山色中，濃密大樹和梯田之間，遠遠站著一棵壯碩的古茶樹，豐滿的圓團，像是山野上一個地標。

古茶樹就這樣，有特殊的顏色和姿態，看多了，你可以在滿山成千上百的大樹和密林中，立刻認出它。

哪怕萬木叢中只有一棵大茶樹，你也能一眼認出它，不會錯過。

何況，這裡三面圍攏的山坡上下，細細去看，東一片、西一群，其實有不少古茶樹的身影，淺綠色的樹冠掩映在農舍背後，竹林和松木林子之間，還有山崖上下，不用數便知村前村後的樹林裡有上百棵的古茶樹藏身。

PART 9 龍陵尋茶

小田壩深藏崢嶸

龍陵高樹

我們在小田壩五年裡簽下七棵古老的大茶樹，蒐集採樣。一、二、三號大茶樹都長在一條小溪上下，都是姿態如畫的優美大樹，相距十來公尺，主人是一戶農家：楊老媽媽。

她是村裡最早帶我們看茶樹的人，很固執，習慣多年賣鮮葉給茶商做紅茶，聽說我們要採大樹，做晒青生茶，不以為然。她憑經驗或別人說教，偏信村裡大茶樹做不出好的普洱生茶。不過我們更犟，三番五次說服她，簽約嘗試，她想我們試一季就放棄了，沒想到我們一做好幾年。

小田壩的「高樹」跟優美無關，就一個形容：高大威猛。在村裡很多家的樓上看得到它的樹冠，雖然它已經一半隱身在村後隆起的山坡樹林裡，還是擋不住的威勢。

主人家是楊開助、楊開進兄弟，全村的人都姓楊。

這棵古茶樹的身形矗立，氣壯山河。如果可能，我們想好好仰望它很多年。

這是在雲南西部茶區，我們採收的最高一棵古茶樹。

高到讓人觸目驚心，每次量的樹高都不一樣，經常是十二到十四公尺，有一年竟量到十六公尺，足足有四、五層樓的高度。

爬上樹頂，山風吹過，搖晃起來真是波濤洶湧。

高樹縱深大，枝葉又濃密，上去八、九個茶農皆被枝葉遮掩，很難看清誰是誰。

每年頭春，這棵大茶樹發得比別的地方都早，就算十個茶工也要採整整一天，鮮葉會有三、四十公斤。最好的年份，曾做到將近九公斤的乾茶，僅次於在臨滄南美的茶王樹。

南美李家的茶王樹，是栽培型古樹，而小田壩的「高樹」，則有顯明的過渡型野生茶樹的特質。

它的樹幹粗碩，褐黃色裡發出白斑，長在土坎下的主幹一柱擎天，基圍兩公尺多，上去幾公尺後分成數枝，仍然緊緊團抱著，一口氣往上噴湧、蓬發。

上升的樹冠始終抱成一團。直到高高樹頂，全樹的繁枝錯節都密集簇擁，互相依靠，盤錯，似乎還在上升中，從未舒展地打開。

如此大茶樹，遠遠望去，給人一種神威、強夯的力量感，不像栽培型古樹那麼輕曼、優雅。

站在一旁高坎上，靠近它的龐然樹身，不會感覺到古老，只感覺到它的高遙和無窮氣場。在這個位置，你比它的根部高出三、四公尺了，抬頭望去，高遠的樹頂依然不可企及，那濃密而蒼茫的綠，在天空中恣肆。

這哪是一棵大樹，簡直就是神力！

如此屹立的高樹，每次採茶，看村裡姑娘蹭蹭爬上樹冠，一擰身消失在濃葉之間，都會捏一把汗，一直要求她們帶上安全繩索和掛鈎。

農人從小爬樹，上茶樹身輕如燕，在這棵巨樹裡面，你看不清有多少人在採茶，隱身在濃蔭裡面，只聽見她們嘻嘻哈哈的話音和笑聲紛飛。

不一會，就見一包一筐的芽葉從樹上傳遞下來，要趕緊找蔭涼地面，鋪開攤晾。攤晾鮮葉的時候，也是芬芳四起之時。大樹茶葉的水分揮發，生命開始轉化、昇華，會散發出裊裊的迷人香味，瀰漫四周。

這棵巨樹做出來的普洱生茶，十五秒出湯少許，就先聲奪人，滿腔芬芳，直往大腦深處擴張，口中甘甜不斷滋生。

四十秒出湯一半，溫厚之力擴張心肺，茶味仍然淡淡的，深沉茶氣撼及全身，口裡鼻間都是清幽的森林之香，柔柔的竟如烏龍！

一分半鐘全出，湯汁金亮濃稠，一飲而下，只有心馳神往，每個人去的地方不一樣。

真是奇茶，喝熱鬧的人，會覺得它茶味太淡了。

領悟茶氣的人，一見就不放手。跟騰衝大竹林那幾棵大古樹，有異曲同工之妙。

龍陵的肥樹

進村第一眼就遠遠看見這棵樹，長在山坡上，像地標一般的渾圓張開，主人叫楊開賢。

遠望這棵古茶樹，肥肥的碩大一團，說豐滿還不夠，簡直鋪張。

走近了，反而看不到它的寬闊，因為樹枝密集，茂密的樹葉垂到地面，很難見到其全貌。

最壯觀的是，鑽到大樹叢裡去看，數以百計的枝幹，錯節橫生，往四面八方鋪展。

每一根有碗口粗，找不到主幹，伸出地面就糾在一起，似分又連，像鮮花盛開分成無數枝梢，形成密不可分的樹冠。

這樣錯綜、纏繞，長成一團的古茶樹，離奇樹態，在別處少見。

肥樹的位置，居高臨下，眺望老村落的百家炊煙。

我獨自上山，帶著相機，鑽進樹裡忘了拍照，被枝幹纏繞的情景迷住，頂上青葉遮如小亭，透過樹枝看出去，坡下的村落隱約幾分徽州古村的意象，有的農宅是三合院，想像三、四百年前，此地青山環抱之中已是屋頂參差了。

那年代是明末清初，雄壯的老茶樹可能更早就在這了。它們大多為半野生品種的過渡型茶樹，在全野生和栽培型之間。

這面山坡當初想必是全村的風水寶地，現在背景裡穿過騰衝—保山高速路。知道肥樹的位置，每次在高速上經過，就能在山野中看見它的濃綠身影。

不是想像，是真的。

肥樹的茶，收穫也大，每年約有兩、三公斤乾茶。

對古茶樹而言，算很多了。通常一棵古樹能收一公斤乾茶就不錯。

有的看上去高大，森林遮蔽，日照少，或樹形狂放，天生野長，難以採摘，加上每棵樹要留芽葉，以利生長，有時僅得幾百公克乾茶。

稀少的鮮葉，單獨殺青也格外困難。

但我們的信條，古茶樹的自然生態第一位，寧可少收茶，收不到茶，也不願打枝，大幅修剪。更不能截頂，這會破壞古茶樹的元氣。

古茶樹是珍貴的自然寶藏，人文遺產，不是農作物，無法依照精細農業方式。很多地方這樣做，但我們不幹，簽約的古樹，絕不能打頂，打了就結束，退出合作。

一棵大茶樹，自然而然如此產量，算意外驚喜，但絕不追求。

小田壩山徑古茶樹

在小田壩村莊的另一頭，出村一百多公尺的山路旁默默佇立著我們的五號茶樹，不顯山，不露水，溫和地跟四周的樹木默契呼應，渾然天成。不認識的人，經過也看不出這是一棵古老茶樹。其實，它的樹身高大壯實，姿態舒張，在圍繞的綠野和草木之間奔放，跟我們在此村的其他茶樹形態不同。仔細一量，這棵茶樹的根部圓周竟有二點二公尺，比那棵巍然的「高樹」還粗，一眼望去看不出來。

一樹如一人，有自己秉性和氣場，也有獨一無二的外型。更不用說在地下無限伸延的根系世界。古茶樹歷經百年生長、磨練，風霜雨露，世紀沉澱，造就其獨特的生命魅力和茶氣。這也是古茶樹單株採收、製作、保留標本，傳承下去的意義。

小田壩四號茶樹

最後要寫的龍陵四號大茶樹，實際上是我們在這個古茶鄉最早迷上的一棵古茶樹。

這樣的茶樹，以前沒見過，以後也沒碰到過。

當頭就一個印象：猛烈。

第一次走過它的樹下，一抬首，驚見它那挺拔如弓張開的峭立樹幹，生猛無比地伸向天空，跟旁邊的參天古木一爭高低，主幹強壯暴脹，大有怒髮衝冠之勢。

氣質是昂揚，乃至暴烈的，不圓滑含糊，沒有半分溫良恭儉讓，也很自然，這是萬物競爭的天意，不然就沒有陽光和生存空間。它是過渡性的半野生大茶樹，不是完全馴化的，沒有半分中國古典倫理的烙印。

它不屈不撓地站在坡上，個性張揚，天不怕，地不怕，力量彪悍。

在它坡下的河汊小灣裡我們找到了另外三棵古老優雅的大茶樹，一棵依水而生，一棵上面像浮雲一樣飄著如傘的樹頂，還有一棵古樹做出來的新茶竟有松針的冷香……小田壩的古茶樹你不服不行。

這地點自然也就成了我們在小田壩收穫古樹茶的序曲。

PART 10

騰衝，群山茫茫大好

騰衝的天空，
比雲南哪裡都藍。
很多人這樣說，
我們不說，
有時也這麼想。

騰衝的自然山水，也是一絕。

全境九十九處火山峙立，到處溫泉奔湧，森林廣闊。

明代的瘋狂行者徐霞客到過騰衝，他是怎麼來的？騎馬或馬車也要走幾個月，一路尋山問水的話，可能走一年兩年。

古話說行萬里路，讀萬卷書，不是隨便說說的。他驚嘆騰衝為「極邊第一城」，這句話的意思很深，第一是路途遙遙，崇山峻嶺阻礙。第二是已至天國盡頭，邊疆之最。第三層意思更絕，這裡有名城，有漢文化的深厚積澱。騰衝處處奇山異水，乃是一方寶地。

走遍保山幾個縣市，中原風格的古建築稀少一見，南部的西雙版納更少。到了騰衝地界，風氣驟變，明清建築的白牆青瓦成片掩映在青翠山野之間，時不時就在土路後面冒出古色古香的村落，古董店裡賣不完的當地漆畫家具、雕刻門窗，有的小鎮還有蘇州式的水景布局，馬頭牆高低起伏……

騰衝的山水，深得老天爺厚待，天生富饒，山川如畫。

全保山的雄山峻嶺，幾乎都集中在這裡。橫空出世的高黎貢山來自青藏高原邊緣，南北向的高大山體擋住寒流，也吸引南部上升的印度洋暖溼氣流。

此地海拔雖高，白天仍然溫暖，日照充足，讓大茶樹在莽莽山林蓬勃生長。到了晚上，則快速降溫，日夜溫差大，天氣多變，山這邊陽光燦爛，另一邊已是煙雨浮雲，加上火山土壤，都是出好茶的條件。

這是雲南的極西邊，但儒家傳統悠遠，跟別的茶山傳承不同。雲南自古少數民族雲集，自成一邦，由土司管轄，跟中央若即若離，直到清朝雍正改土歸流，才派官員到各州府縣統轄。絕大部分古茶山都是原民文化主導，清中期以後才有漢人進入的。

騰衝屬於例外，明代開國皇帝朱元璋相信朝廷威權、實力，派朝廷軍隊遠赴南疆戍邊，明英宗大軍平叛南疆，大批漢人軍士留在此地屯軍，在當地傳宗接代。

明清六、七百年，內地漢人不斷遷入、定居，帶來了徽式建築、儒家文化和經商傳統。高黎貢山腳下，小龍江兩岸的山寨，到處是「文家塘」、「湯家山」、「鄭山」這樣的漢人宗族村落。

在雲南另外三大茶區：西雙版納、普洱、臨滄茶區，大部分寨名來自傣族、瑷尼族、佤族語言的諧音。騰衝地區漢文化的烙印之深，在雲南可能只有另一個戍邊名鎮石屏可比。

騰衝西臨緬甸，翡翠交易百年鼎盛，富裕的村落都是屋簷翹聳，木雕門戶，不知底細的人宛如置身江南。而憑窗遠望則是群峰巍峨，噴雲吐霧的高黎貢山，那山上布滿人跡罕至的原始森林，國家保護的野生古茶樹叢生，那些只能仰望，不能採摘。

在山腳下的深谷溪邊，星羅棋布的山村茶寨，許多古老的栽培型茶樹，過渡型茶樹鬱鬱蔥蔥，那正是吸引我們來騰衝探尋的出發點。

火山、高嶺、溫泉，和古茶樹群落……奇妙的組合，造就了極邊之地的魅惑。

這裡描繪的主角，正是在騰衝的青山雲霧之間相識，夢魂牽繞的二十一棵古老大茶樹。

高黎貢山
保山市
澡塘
古茶樹群
竈龍
大蒿坪
史迪威公路
昌寧
橋街
高黎貢山
龍江
龍陵小田壩鄉
古茶樹群

騰衝茶村古樹分布圖

北海鄉
龍江
大竹壩古茶樹
湯家山
土牛圈
三岔河
上營鄉
史迪威公路
馬頭山
文家塘
鄭山．古茶樹群
花椒林
官溝
騰衝市
和順古鎮
新華鄉
大竹林古茶樹
蒲川鄉
蒲川鄉壩外古茶樹

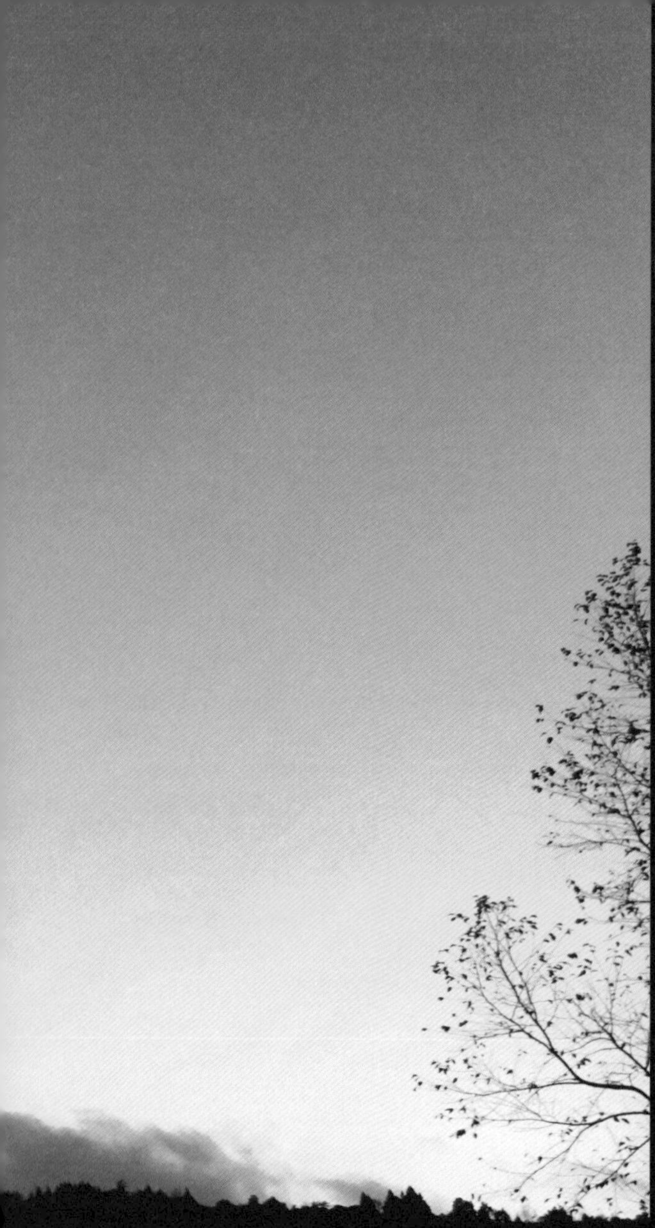

大竹林，一個極邊之地的懸念

新華鄉大竹林，這片隱密的茶林，我們先後採收五、六年，十四棵大茶樹，加在一起每年沒幾公斤乾茶。

第一次聽到大竹林，講得很玄，那地方坡陡路遠，要步行爬山，那地方已經荒蕪多年，平時村裡農人都不去你那，只有採茶時才有人去。

騰衝的同事還委託遠房親戚，去林子裡草棚看守幾天，否則大樹一發芽，不小心就被人偷了。

開春，大竹林的新茶出來，非常奇特，葉片暗暗的深褐至墨綠色，條索短而緊密，彎曲，芽細如絲，在陽光裡發出淡黃到金黃色的微光。

跟其他古樹普洱茶厚實、舒張的條索，有明顯不同。

開水注入，浮起山林的清香。喝下去，不由吸一口涼氣。

不是吃驚，而是舌面感覺很涼，有種奇特的清香，接著微苦，漸漸回甘。

明明是滾燙的頭泡茶，你卻能喝出滿口清涼，奇不奇怪。

那種香味，以前沒喝過，似乎野艾草的香。這片林子裡有不少陽剛的大茶樹，怎麼會出這樣細膩柔暢之美，茶氣溫和有穿透力，口感很挑人，不是人見人愛的那種。

這種茶表面平和，骨子剛強，有氣質，喜歡的人會著迷。如此茶湯，宛如山嵐之氣盡入其中。

車到坡頂，才知進大竹林要往下走，在茶山經驗少見。順小路進入山谷，遠山峰巒越來越高。

「到了。」同事喊道，一頭扎進竹木混生的叢林，不是熟門熟路，看不出裡面會有雄壯的大茶樹。方圓幾公里，沒有別的古茶樹存在。

昔日，這裡也許有村落，都消失了，唯有密密的叢林。

穿林下坡，要四肢並用，其實林裡沒幾棵大竹子，倒是很多高高的杉樹，隔十幾公尺就冒出一棵直聳的大茶樹，從樹叢裡穿透出來，有的拔地而起，有的在陡坡上，橫的、斜的，樹幹像懸藤伸向陽光，頂上一片嫩芽。

鬼使神差，外面一點也看不見。越往深處坡更陡，茶樹也更奇特而大，從上到下，一連十四棵大茶樹，摩肩接踵，到坡底就戛然而止，平坦了，茶樹也沒了。

騰衝的茶山，真是神奇莫測。

大竹林五號茶樹

走進大竹林的第一個驚嘆。

在暗暗的樹林裡，一團巨柱般的黑黑樹幹圍攏著，完美合奏般往上升起。全樹綠葉都在上半截，下面是暗黑樹幹。正午陽光直射進密林。逆光看去，剪影勾勒的樹幹怒髮直立，好似一個巨大的佛手，猛然張開，每個指頭都指向天空。

那樹頂上瀰漫的悠然，似對周圍暗影毫不在乎，世事沉浮，更不在眼裡。

我們採到的、喝到的，就是如此指尖上一點點嫩綠鮮芽。它的樹幹突兀站在團團草木中，力量強悍，但它的茶卻是香氣清冽，十足的謙謙君子。

大自然包含無限驚奇。

五號大樹的茶葉，條索粗實，芽尖細，製成乾茶仍保持暗綠色。開包就聞到山野的香味。

沒人知道，老邁的茶樹哪年哪月生長在此，也許比附近村落更老。它們曾被忽略，現在還是被忽略，我們來之前，只有被人盜採的命，主人也很少光顧。

因林子深，日照不足，發芽稀少。有大樹採摘權的農人懶得來，碰到就採，碰不到拉倒。

加上這些茶的口感特殊，不見得在大眾市場上討喜，問津者少，懂得人更少。

等到我們這樣遠道來的茶痴一口氣簽下多年茶樹的收成，讓他們樂不可支。

至少這幾年，有緣供奉和研究這些古樹，書寫、拍照，讓巍巍大樹的茶葉能登堂入室，得到珍惜。在我們標本系統得到一席之地，可以傳留。

現在，古樹茶的生意巨大，鑽研古茶樹的研究者太少。以後想研究，要找特定年代的純正標本很難。現在就要著手留下第一手茶樣和資料。

這些偉大的生命，值得大書特書，自己的經歷、見識，對這些古樹生命的記憶，最終都應成為公眾的認知。

我們在大樹下，只是短暫過客，雖然有心，撿起一些歲月的片段，還是過客。

大竹林七號大茶樹

記得，第一眼看到此樹，就想到兩個字：蒼勁！

說震撼，不足以表達那瞬間的百般感慨，我面對的不是一棵大樹，而是一片洶湧澎湃而來的生命浪潮，向著天空的陽光奔去。

看見大山，你會想到蒼茫，這棵古老奇崛的大茶樹，也讓人觸目就感覺到如山的偉力。

沒見過的人很難想像，見過的人很難忘記。

一棵來自古遠年代的老茶樹，竟有如此浩蕩的氣勢。

這是天造地設的，它生長的位置有點不幸，位於有二公尺落差的土坡斷層上，一半樹身在上，另一半在下面，連帶主根都裸露在土外。這似乎更加添了它樹幹向上的力道，主要的樹身一出土就分成了七、八根大小不同的壯實樹幹，各自向上奮爭，即使斷裂了、扭曲了，也毫不畏懼地往上，迎向太陽。

在密密叢林裡，它必須穿破其他樹木的遮蓋，贏得日照才能活下去，地下根系要爭到水分更是不易，大竹林土地乾燥，極度缺水。天長日久的奮爭，抗鬥，形成了茶樹如此奇特的樹形。

在它旁邊，十幾公尺外的另棵老茶樹更神，樹幹全在騰空翹裂的硬坡邊沿上，爆裂的樹根赤裸在下面大窟窿裡，幾乎懸空扭成堅固的一團。順著樹幹向上仰望，頂上還有一層新芽。

坡下還有一棵，幾乎站在一塊孤零零浮空的泥塊上，根莖全露，周邊都是深陷的溝渠，也還活著，仍然發芽。

這個瞬間，你看到了大自然的嚴苛、殘酷和不滅的求生意志。

可能就這樣長了一百年，但以後每一年都讓人擔心，古茶山的乾旱缺水，已成趨勢。

回來講七號大茶樹的蒼勁之美。它跟五號樹遙遙相對。不像那棵古樹幾根一樣粗的主幹，呼應上升，和諧燦爛。這棵大樹的形態不完美，被挑戰，反而逼出格外的強悍。

正面看，大大小小的樹幹如屏風展開，七高八低，各自生長。到斷坡下仰望，發現它的主幹依然統領全樹，每根分開的樹幹都被它的脈絡牽帶，向上伸挺。有趣的是，到了高處，分成無數細枝的樹頂聚攏起來，圍成一個疏張有致的綠傘樹冠，暗色枝椏間嫩綠的新芽綻放，楚楚動人。

雖然每天只有一、兩個小時的太陽照耀它。

古樹的生命歷程在此垂直展現。皺裂的樹幹讓你想到跨越世紀的老邁，崢嶸向上的樹枝，仍在蓬勃的壯年，到了樹冠頂上，噴薄欲出的翠芽，宛如風姿翩翩的少女。

百年風霜，一筆帶過。每年四次這樣發芽，只是你採不到而已，唯一密集的機會是春天，趕得最巧，精工細做，這麼龐然大樹一次也僅得幾百克乾茶。

已是大滿足，每一片茶葉，都是歡喜。

初嘗茶湯，五號樹和七號樹的茶難分昆仲，雄渾的茶樹，出來茶湯卻淡泊清秀——艾草的香，帶著老樹皮、青苔和山野的聯想，先清苦，再柔柔回甘。細雨潤物的美，十分內向，相對小眾。

喝這種茶，感受的是茶氣，輕柔綿長，讓人想打坐。老茶樹是有風水的。

細品之下，七號大樹的茶比五號茶樹更柔、更青淡，沒寫錯，就是青色的青。喝茶品出這個「青」字，也就騰衝的大竹林了。它們可以說自在從容，也可以說艱苦卓絕，頑強活了很多世紀。

如此一片偉岸大樹，卻得輕柔之茶。大茶樹的深奧，讓人謙卑。

大竹林十三號大茶樹

這裡是大竹林的尾聲，下到谷底，腳下也平坦了，快出山了。

又一棵大茶樹矗立面前，上來就分叉數支，樹皮光亮，到高處才發細枝和綠芽。幾根粗大的叉立主幹，互相間隙如窄門，剛夠年輕人轉來鑽去拍照玩。因長得高眺，看不出樹幹其實巨碩，摸著樹皮，才感覺它的雄厚。大竹林的茶樹都是高個，不管粗細，使勁往上長，爭奪林中的陽光。

這點上，茶樹原無先天優勢，周圍松樹和竹子長得更快，更高。

這些古茶樹活下來，根系拚命往下擴展，尋找水分。茶樹有主根，上面多高，下去多深。樹冠多大，根鬚也就多廣闊。森林地下布滿各種樹的根鬚，互相連結、競爭。在西方看到一本書，講大樹也有語言訊號，經過地下廣大根系，互相接觸，傳遞訊息以及危險的信號，抵禦災害、病毒等等，這是自然森林的法則。

就算是故事，也很美妙。

爭不到陽光的老茶樹，早就謝幕了，不存在了。

這樣看，大林子剩下的十幾棵古茶樹，都是大自然翹楚。全雲南都一樣，能堅強活到如今的古茶樹，經歷多少天災人禍，磨難折騰，普通的生命無法承受。

十三號樹高度八公尺，樹冠豐滿，樹基的圓周一點三公尺。二〇一八年第一次把它和另外幾棵茶樹分開來，單獨採製，得出的茶葉只有五百克，依然欣慰。

每一棵大樹，單獨做。就像給它立一個傳。

能不能品出每棵之奧妙，是以後的事，是深諳茶道的茶友之事，更是研究者的課題。我們珍視每棵古茶樹為獨立的生命系統，數百年紮根天地之間，雨露陽光，可能的話，應該保存它的單棵茶葉，作為一種記載。

茶葉，不是光用來喝、品味的，還有別的人文、自然史的意義。

站在十三號樹前，還在森林裡。過了這棵樹，幾十公尺就出林子了。外面又是田埂小路，蔥綠稻田。這片樹林離開村民的農耕生活並不遙遠。回頭眺望，是一片看不出什麼的樹林，長滿了不起眼的雜樹。

想想剛才那些大茶樹，一棵比一棵壯觀，出來什麼也看不見，綠朦朧的一片林子。絕妙。

高黎貢山腳下的茶寨、藏龍臥虎

雙坡千古茶樹，只有一面之緣

在騰衝探茶，找古樹，路線有三、四條，一個方向是出城往櫻花谷溫泉，路上經過地名叫「杜家灣」、「後所營」、「楊家灣」、「鄧家寨」的村落，讓你想到明代戍邊的傳說，有的村莊還留下古老哨樓和寨牆，在內地已很難見到了。

到了俯瞰小龍江的高坡，遠眺高黎貢山，然後右轉彎下坡。走山路去雙坡、大竹壩、湯家山這些龍江西岸的山村。

一路蜿蜒所經的小寨，深藏不少古老茶樹，有的極為壯觀，可謂驚天地，泣鬼神。

在雙坡寨，我們驚遇在騰衝尋茶所見——樹姿最高大，不幸也最為慘烈的古茶樹，其原形一定碩大無比，非常雄偉。

進寨那天，它剛剛被極粗暴地「打頂」截肢，失去三分之一高度和一半幅寬，仍舊高聳，樹大驚人，只是上下斷手折腳，殘缺不全了。

在雲南十多年，看過不少被野蠻截頂的古茶樹，還沒見過如此悲慘的狀態，傷痛瀰漫。此樹巨大古老，在全騰衝也屈指可數。很多人稱道的「千年古茶樹」，也就長這樣吧。無邊的悠遠歲月，稀世之珍，盡在漫不經心的刀鋸之下斷裂、殘碎。農人下手無情，「大刀闊斧」這四個字用在古樹身上，讓人觸目驚心。

我預感悲哀，這堂堂很多世紀的巍然大樹可能就此衰竭，活不下去了。

一個壯闊的生命，在你面前黯淡。完全人為，你無能為力，什麼都不能做……無邊的愴然籠罩心胸。從來沒有看到古茶樹的第一眼，就這樣絕望。

大樹主人是六兄弟姊妹，誰說了都不算，不能獨自決定把茶給誰，常常是鄉裡領導來採。因為古茶樹長得太高大，幾兄弟想當然，打枝截頂，減低高度，就能方便採茶，也許還會增產。在這場悲劇的背後，最嚴重的不是貪婪，而是沒有知識。

知識是力量，無知也是一種力量，而且更驚人，那是暴力。

古樹位於一家農院裡，院子的主人並非六兄妹之一，不算茶樹主人，彼此只是親戚。他說很多茶商來找過六兄妹，想包樹，但都無法同時說服六個人，最後只能放棄。

如有人想搬大茶樹去別處，他倒不反對。大茶樹長在他家宅基地上，對生活有影響，按鄉下規矩，關於樹的去留，他有些發言權。

但是，此樹的茶葉跟他無關。

這邏輯匪夷所思，搬遷古茶樹以前常有，早被禁止，老規矩也沒用。

古茶樹受法令保護，誰弄走誰犯法。但任意修剪、過度砍劈，造成傷殘衰亡，就無人管了。

那是二〇一四年夏天，在以後的幾個茶季，我一直牽掛這棵巨大茶樹，但不忍再上雙坡寨，第一面記憶太慘，我怕面對它的奄奄一息。

每年春天，都囑咐團隊年輕人，去看看古茶樹還在嗎？

他們回來說，大樹還在，狀態很差，差到哪了，我不敢想像。

二〇一八年，山上同事打電話說，大茶樹乾枯而死，被連根鋸掉了，院裡一個樹樁也沒留下。

一個亙古不朽的古茶樹就這樣被糟蹋，毀滅了，連遺跡都沒了。

這是我們在雲南所見的最大古茶樹之一，結局悲涼。還有另一棵很慘的老樹，離開它也不過十多公里，在鄭山花椒林，容後再敘。

講太多，大家難過，我也受不了。

大竹壩山水人家

陳家大茶樹

從雙坡、新寨，往山裡走，下一個虎踞龍蟠的茶村就是大竹壩。

我們在大竹壩的落腳點一直是陳叔家，這個叔字是跟著團隊小姑娘叫的，叫他老婆就喊娘娘，其實主人的年紀並不大，我可以算他們的大哥一輩。

陳家獨門獨戶，遠離村落，沒進村就要U型右拐，加馬力衝上陡坡，上面一片空曠場坪和陳家新建的泥木混合農舍，周圍樹林濃密，前面展開一百八十度山川遠景。

腳下小龍江的幽深河谷綿延，對面的奇峰疊嶂就是高黎貢山的壯闊山脈。

晨看朝陽，暮看落日，如果是豔陽天，從早晒到晚，真是做茶的好地方：能攤開來晒，周圍也沒別的人家和茶商打擾，僻靜而安全，不用擔心晒茶會出狀況。

我們在陳家建了茶舍，支起自己帶上山的茶鍋（選用特別厚的茶鍋，溫度均勻。可以殺青更充分）。周圍村寨採收的古樹鮮葉都拉來此處攤晾、萎凋，深夜殺青、揉捻。次日有太陽，曝晒一天，晒青生茶就完成了。一天曝晒乾透的生茶最好，如果天氣不理想，第二天接著晒的生茶，品質就會打少許折扣。要是日照不足，半晒半晾乾的生茶，喝起來質感弱很多，將來存放，陳化的效果也不理想。晒青晒青，晒是關鍵的一步。

我們在大竹壩，一口氣找到八、九棵古老茶樹，算是一大豐收。

勤快的陳家娘娘包辦了這些樹的鮮葉採摘，我們採用固定方式合作，不管是否採茶，一年到頭每個月給她津貼，拜託她幫助照看，養護我們在村裡簽約的大茶樹。

我們在騰衝當地的同事，也是全年奔波在小龍江兩岸的茶村，畢竟萬水千山，沒有可靠的人盯在山上，是不放心的。

陳叔自己不愛爬樹採茶，他喜歡喝酒，也喜歡喝當地傳統的烤茶，把瓦罐在炭火上燒到滾燙，把茶葉放進去烘烤，再注水，水變成蒸氣揮發，茶香四溢。

這是粗茶喝法，高品質古樹茶他不捨得這樣沖泡。

陳叔在茶村是一個例外，性格孤僻，沒事時，喜歡獨自一人帶上乾糧，去大森林裡待幾小時，漫無目的走路？還是獨自坐著發呆？沒人知道。

他也不說，去森林裡做什麼。

娘娘很氣他這樣孤僻古怪，也沒轍，茶山還是大男人社會，女人地位較低，但幹活一點不少。

陳家也有一棵古茶樹，長在他家的菜園山坡上，遠看很豐滿圓潤的一棵大茶樹，在濃綠色的山林背景裡，秀氣地展開輕盈的樹冠，亭亭玉立。

走到樹下才知道，它的高度和樹圍也很可觀，樹齡應該不小。只是那滿枝招展的嫩綠新芽，容易讓人看成還相當年輕的茶樹。

低調地說，也踏入壯年了，百年歲月皆成煙雲，有的古茶樹就是一身輕鬆不顯老，這棵尤其如此。

它的樹冠飄展，上下繁密，無數芽尖綻放，那淺翠和嫩綠，讓人想不到滄桑。但細看樹幹和樹根的究竟，還有樹皮的皺褶，到處都藏著光陰似箭的烙印。

陳家的大茶樹，老而神采煥發，陽氣勃勃，蒼翠欲滴的美態有一種近乎瀟灑的氣質。

這棵古樹的茶量不小，喝起來，清香馥郁撲鼻，力道夾著芬芳，直升後腦。

無論身在何方，此茶入口，彷如瞬間回到大竹壩的青澀山巒，濃密的森林，聽得見松針落地的聲音，心如止水，靜靜地，不起漣漪。

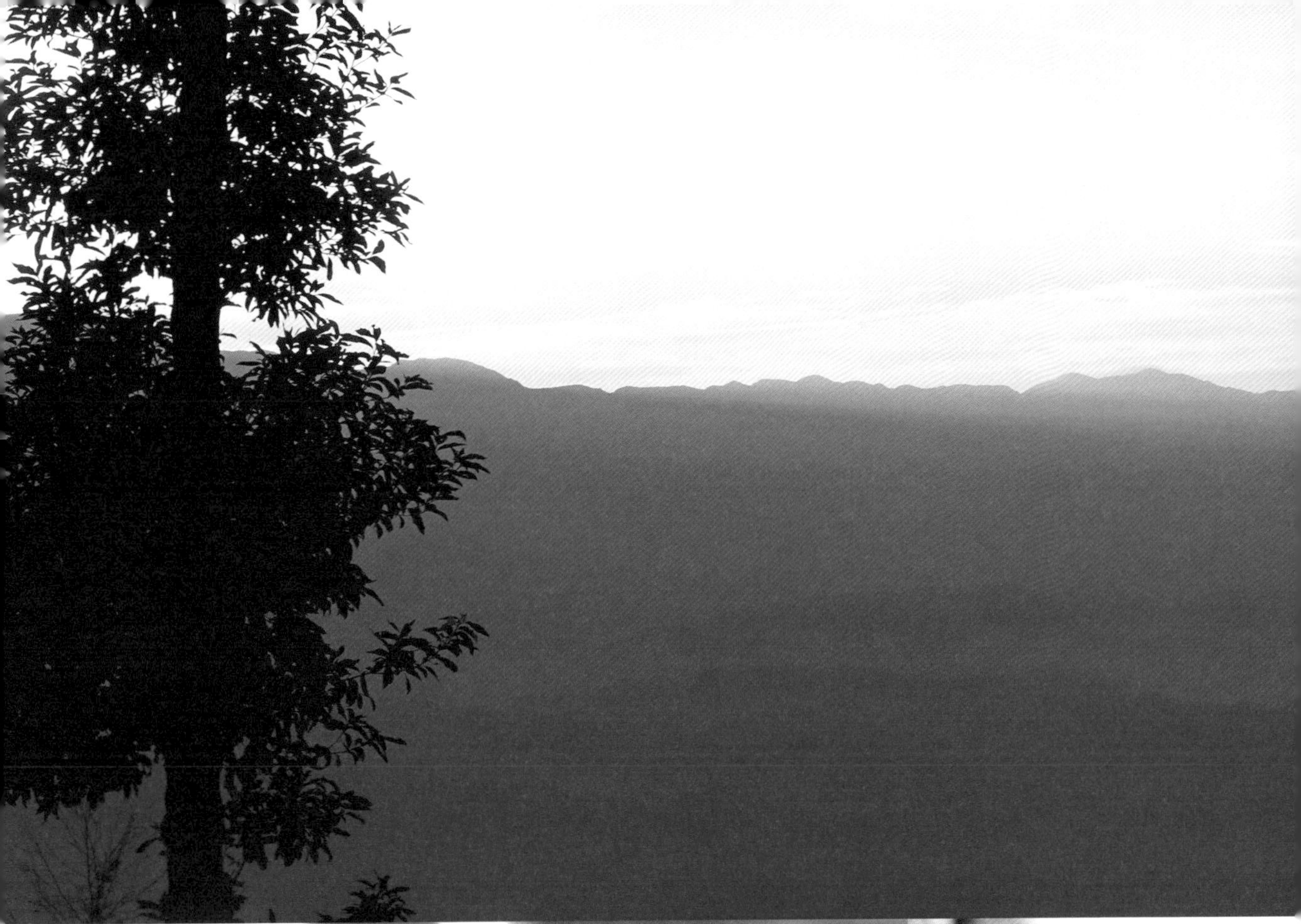

段家的兩棵大茶樹

段家，在大竹壩寨中央，院落大，房子左側有陡坡，猶如農院的「靠山」。上坡兩公尺處屹立一棵古茶樹，上去十多公尺又一棵，宛如兩兄弟，樹形個頭差不多，一上一下，彼此呼應，頗有氣勢。

我們稱呼它「坡上的茶樹」和「下面的茶樹」。其實，下面那棵長在不易靠近的坡面，每次採茶，段家媳婦要搭起竹梯爬樹，她家小娃在下面眼巴巴守著，忍不住也爬上梯子，還沒到茶樹，就被大人罵下來了。

我上過此樹採茶，踩著搖晃樹幹有點心驚，但手指碰到翠綠的嫩芽，就什麼都忘記了。有次爬完這棵樹，當晚就生病，高燒不退，只能飛去昆明住院，吊點滴，才把併發炎症壓下去，回山上繼續做茶。

上面更高處的樹沒爬過，農民堅決不許。我爬下面那棵沒跟主人說，悄悄上去的。他們完全不放心。生怕我們城裡人上大樹出事。

段家這兩棵樹，每棵能採七、八公斤鮮葉（芽），做得兩公斤乾茶，可見茶樹不小。高處那樹的茶葉，輕飄的竹葉香，茶湯清冽有勁，冷了更香，正是大竹壩的山頭風範。較低處大茶樹，比較陽剛，大地感強烈，滋味厚沉，氣韻飽滿，一入口有衝力。

段家說來也有緣，我們當初想簽下該村山梁上的古茶林「邵家茶園」，那裡坡路陡峭，密布數以百計，不知年代的老茶樹，大都呈喬木狀，也有攀依的老株灌木叢。段家主人招呼茶農聚到家裡討論，大家意見不一，沒談成。最後只跟幾戶簽約，採收大樹的單株茶葉。段家的約最久，他說沒別的打算，就一直給你們採。

這兩棵古茶樹，還不是他家最高的，段家最大的茶樹聳立在對面小山丘上，我們也收了幾年。它長在森林裡，日照不足，又不打枝，發茶的量遠不如院裡的兩棵。這不要緊，順其自然，我們要的不是茶量，而是古茶樹能自在地天然生長。

郭家細葉古茶樹，可以稱王

大竹壩古樹眾多，特別高大，或獨具特色，值得單株收採、立傳的也有十來棵。

要說到樹王級別，在全騰衝能排上名次的，只有郭家的小葉古茶樹堪稱無敵。

它不單樹形壯闊，樹齡老，而且是保山地區罕見的標誌性細葉品種茶樹。

如此巍峨壯觀的小葉種古茶樹，以前只有在普洱的困鹿山，西雙版納的倚邦山見過，普洱的黃草壩也有類似的，但細葉的程度沒有如此極端。

許多新葉和芽苞只有拇指甲這麼大。

全樹高度近十公尺，且樹冠寬闊，從根部開始就分成三大株往上長，到了頂部，樹枝又合攏起來，顯得格外飽滿，體魄碩大。

山雨欲來，四周白霧瀰漫，讓高挺的細葉古茶樹在山坳裡面顯得格外神祕。

到了頭春的茶季，這棵大樹還是不動聲色地安靜。

巋然的樹冠上輕輕浮起一層青翠。

那飄薄如霧的嫩綠，就是無數極細小的茶芽，幾個人上去了也淹沒在綠浪中，一天採下來近十公斤的鮮葉，堆成一個小山。

古樹上面，仍然還是鬱鬱蔥蔥的翠色。

真是有氣勢。

小葉種的古茶樹長到如此宏偉魁梧，不光年份需要更久更古老，還有山水環境、土壤、氣場，樣樣絕佳，才有可能。

在整個保山五縣，難得一見。

這棵古樹，年年都是陳家娘娘和她兒子上去採茶，她知道我們特別寶貝這棵珍奇的古老茶樹，所以不讓其他採工代勞，自己上樹。

採下來的鮮葉就讓人愛不釋手，玲瓏翠綠，富有靈氣，似乎每一個葉瓣都有神態，會說話。

靈氣，就是這棵古茶樹的關鍵詞。它的茶備好了，放進溫熱的蓋碗就升騰出一種無法形容的氣息，還沒喝，已經心曠神怡了。

文家塘例外：彭家兩棵古茶樹

小龍江兩岸，
古茶樹雲集之鄉

骨感瘦樹

文家塘，我們踏足騰衝的第一個茶村，舊屬上營鄉，現歸芒棒鎮。
在上營尋茶的幸運，始於文家塘的古茶樹。
這些年茶山的一大領悟：找到對的人，才能尋得隱藏很深的古樹。

初到騰衝城，就挖掘到一個茶學院畢業的當地人，他很傲氣，愛茶如命，這也意味著在商業化的茶山日子不太好過。

我們就偏愛這種死心眼的夥伴，做事放心，牢靠。

大海撈針，找人有運氣也有方法。要打動自視甚高的小夥子，靠的還是這些年苦心孤詣尋來的好茶。

茶圈子的人，說什麼不如泡茶，水有多深，立馬分曉。

小夥子讀了茶學，回老家在騰衝龍頭茶企做調研，其實經常坐辦公室，更像茶葉辦公室的幹部，很悶。喝了我們的班章茶，他眼睛就亮起來了，知道還有困鹿山、倚邦山……更是滿臉放光，非跟著一起找茶不可。

到了芒棒鎮，找到了第二個對的人，開車跑村際客運的老司機，他開著微型車，走村串戶，哪有古茶樹，瞭如指掌。

小龍江西岸的上營是一方寶地，有青山環抱的茶寨和悠然古茶樹。多處還在築路，汽車進不去。幾天跋涉，見到不少奇偉大樹，大都已被當地茶商簽約，有的被主人爬上去粗蠻修剪了。還有農民，在院裡剛鋸斷海碗粗的茶樹，想造水房。他自怨「你們早來一天就好了」。這裡是僻壤，但非窮鄉，他要造的是衛生間，放洗衣機。

坐著顛簸不已的微型車，進了文家塘。

路口土坎上，就見一棵峭立的老茶樹，跟背後其他大樹混在一起。文家塘的古茶樹群落，分布山坡，起伏一片很壯觀，在騰衝沒看到第二處。後來到了湯家山，也是老茶樹成群，但樹齡沒這裡古遠。在蒲川鄉的壩外村，也有巍峨的大茶樹，但分布較零散。

文家塘沿坡而建，幾十戶農院，還有老式合院，兩層樓圍繞天井，樓下住人，樓上放穀物。村裡大多是漢人，聽說古茶樹是村裡回民先輩留下的。在版納的易武茶山和蠻磚，也碰過回民足跡。

文家塘古茶樹，據說皆被當地茶企收入囊中。我不信，茶山跑了多年，知道總有例外。我們自己也是例外，找的也是例外。

比如村口瘦削挺拔的老茶樹，我一眼就喜歡，別人覺得它太瘦了，後面有巨樹，顯不出氣勢。站在樹下端詳，才知道它一點不小。大部分人選茶樹，看絕對高度、幅度、樹齡，最好都是樹王。我們也看這些，但只是參考，更在意古茶樹的特別個性。

這棵樹是我們文家塘簽的第一棵樹，就叫瘦樹，它瘦得骨感峭立，有堅忍不拔之態。因為巨樹遮蔭，或根系營養不足，春天芽頭很少，僅得微量乾茶，偶爾一試，清涼的異香久留舌面，冷而甘醇，有股豪氣，絕非看到它的瘦削可想像的。

二〇二〇年，一場狂風把大松樹吹毀，壓壞茶樹半個樹冠。到了春天，此樹激發巨大求生力，奔放不止，無數芽尖布滿剩下的樹幹，超越往常四、五倍。古老生命之頑強宛如神話。此年的茶更絕，一注水奇香滿室。記住，泡古樹茶，第一泡永遠要沸水。十五秒先出少許茶湯，茶氣裡已是芳草碧水，香爽迷人，三十秒的茶湯微稠，喝來像兒時香噴噴的粥湯，全身舒坦極了。

我們採摘有限，讓它長成大葉，恢復元氣。這棵樹和彭家大茶樹連續做了八、九年，能多久收多久。

彭家最大樹

找茶樹要看緣，在文家塘再次證明。

誰會想到，騰衝最出名的茶寨還有沒簽約的大茶樹。寨裡寨外，不是本地茶商早就尋遍了嗎？

那天，在村口的瘦高茶樹下拍照，我留意到路旁坡下冒出大蓬的茶樹頂部，葉片肥碩油亮，密密麻麻遮住下面樹幹，無法看到全樹，可以想像是一棵壯大蓬勃的古茶樹。

此時，路上過來一個扛雨傘的農婦，臉色黑裡透紅，端正的五官微含笑意，眼神有光，就算土布衣衫，上了年紀，仍然一種秀麗的氣質。

在雲南茶村，常看到面相標緻的男人、女人，滿身泥跡，扛著鋤把，但氣定神閒，宛如古畫裡走出來的。

如此經驗在黃山腳下的徽州也有過，古村出來的農人臉龐，讓你想到古代尚書、進士，徽州是數百年人文和財富鼎盛之地。在雲南的前世故事，令人琢磨。

那婦女看我們外鄉人，就熱情問候，打招呼，我隨口一問，下面茶樹主人家是誰，我想進院子拍照。

她燦然一笑：「這就是我家的大樹，下去坐坐吧。」

這故事結局不說也知道，後來跟彭家熟了，慢慢了解，騰衝公司為何沒簽下此樹，他們是當地老大，簽茶樹都一口價，要簽就十年，不簽拉倒，也不收你家的茶。大部分農民順從了，拿到每年訂金。少數犟頭倔腦的，不服氣的或者牛氣的農戶不認同，自找營生，反正茶葉也不是其主業。

我們是遠道來客，心誠則靈，千里風塵就為古茶樹，這也是老天留下的機會。多年後，我們還憑著誠心，打動了文家塘茶王樹的主人，簽到了全寨最大的兩棵古茶樹。

彭家的這棵大樹，每年都是主人夫婦和兒子出動，一家三口子親自上樹採摘，年年都等我們到場才開採，一天結束。

彭家說話實在，現在弄虛作假的太多，要對我們負責。如果太忙，或者路遠趕不過來，畢竟我們在保山兩個縣收茶，他們寧可茶樹發老了，就算我們不到場，也絕對不採。

找到對的茶農，這也是一例。

當天採收的鮮葉，我們帶回大竹壩的基地攤晾，連夜殺青製作，第二天晒乾，每年可得乾茶近兩公斤。

這雄渾的古茶樹不是我們在騰衝最大、最老的樹，茶喝起來卻是最震撼的。茶力之充沛、厚重，衝擊感之強，真是力拔山兮！

只能驚嘆：到底是文家塘啊。

再不相信茶氣說法的人，喝到這個茶，也只能服氣。

究竟是怎樣的茶力，一喝就氣沉丹田，思緒開闊，頓生一種指點江山的豪邁。

多少人世煩惱，尋茶周折、受氣，一瞬間拋在腦後了。

馬頭山的古風

鄭山村的馬頭山，比文家塘還高二、三百公尺，海拔近二千公尺。

此地峰迴路轉。從上營到鄭山，右轉上坡，山道不斷分岔，山上人家零散，一個路口二、三戶，或獨戶人家，很容易迷路。在山上繞了很久，來到一個綠蔭掩隱的獨院前，四周是半雲半霧的密林。這戶人家姓龔，祖上在一九四九年前是地主。院落周圍分布古茶樹，在山野霧氣裡飄搖，靜靜的，恍如陶淵明的世外桃源。

走進龔家院子，房屋造在臺階上，客堂裡見到「天地君親師」牌位。從大明戍邊以來，本地人家遵循中原古製，代代供奉此牌位，中原內地反而很少見了。

馬頭山最大茶樹矗立在菜院裡，旁邊還有一棵略小的茶樹，像大哥小妹，相伴百年。兩棵古樹很多人看過，都沒談攏。主人讀過書，知道茶樹的價值，不會輕易讓步。

我們二〇一四年上去，大茶樹因為高大難採剛被龔大爹下手，大幅修剪樹頂，但仍然聳立，細枝全剪掉了，只留粗大樹幹，看上去猶如一個蒼涼怒漢，筋骨狂張，朝天空發憤，令人震撼。

這是我們看見的，不知第幾棵被任意修剪的古茶樹了。二話沒說，馬上簽，叮囑以後切勿修剪，不能打頂，讓它自然生長，少發芽也接受，多採少採一點茶並非重點。

當時枝頭還有零星茶芽，芽頭碩大，銀色茸毛多，在樹上就有香氣。茶樹根部圓周超過一點三公尺，高約兩層樓，爬上樹能望見大爹家的客堂。我們在龔家簽下五棵大茶樹，有院門前一棵，樹旁多年堆放石塊，全樹不發芽，我們請農家把石頭搬走，兩年後春季爆發，茶量比最大棵還多。還有一棵老茶樹，長在屋後水井旁，樹枝彎曲如盆景。另一棵則長在宅旁的低坡茶園裡。

二〇一五年春天上馬頭山，最大棵茶樹開始恢復。採了少少，一芽二、三葉，乾茶五百克。其芽頭肥嫩有彈性，採起來蹦蹦作響。我爬上大樹就開心。以前從不爬樹，這十年看見大茶樹就沒命，再高也敢攀，二、三小時不下來，就喜歡待在樹上。

不知道，哪生哪世跟古茶樹有緣，有時想：

每年二次萬里迢迢從歐洲飛來古茶山，就是來爬茶樹的。

馬頭山的古樹鮮葉攤晾開來，會徐徐揮發山野的芬芳，殺青的過程竟發出茉莉花般的迷人之香。乾茶青色夾烏黑有光澤，芽頭飽滿，覆蓋白細絨。茶湯金黃黏稠，茶味濃烈微苦，迅即回甘生津，舌底涼涼的，吐納全是奇異花香。

團隊的茶姑娘說，製作一棵樹的茶，就像和樹在對話。

你能感受到她的細語，天氣好，火候好，她是愉悅爽朗的，茶也香，味也甘，人也享受。天氣不好，你能從她的氣息中感受到低落，人也焦躁。

二〇一七年春，上山第一站就去看望它，大樹又得雄偉氣勢，如一團碧綠的濃雲浮在那裡。

滿枝全是新芽，樹冠恢復渾圓的身姿，幾個人上樹，就像鑽進小山，上上下下，採到日漸黃昏，樹葉間看到淡淡的月影升起。

我帶相機上樹。從枝梢看到藍天和月牙，還有採茶身影。這些年拍攝茶山照片幾萬張，茶友和出版社都在催出書，我的回答再等等，還要更多積累和準備。

茶山走得越久，越知道其磅礴、深廣。雲南古茶樹是世界級的人文寶藏，我希望留下一套全面的紀錄，包括文字、畫面、土壤、植物標本……這些年風塵僕僕採收單株古樹茶葉，也是這想法的一部分。

我對出書有期許，一本書二十年後還有人看，還能再版，才算好書。

馬頭山的古樹茶，有那種吸引我們最初來騰衝尋覓的，森林大樹的木質之香，有盪氣迴腸之力，噴薄欲出的感覺，疲倦時喝下去全身為之一振，甚至眼前一亮，遠看近看，什麼都清晰無比。

所以，馬頭山的茶藏得嚴實，不是深交的茶友知己，很難一見廬山真面目。

龔家大茶樹

花椒林，一個奇蹟隨時消失

花椒林的茶樹故事，開場很驚喜，結果很惆悵。

我們第一次在馬頭山探茶下來，坐在鄭山村小賣店的門口歇腳，過來一個老年農婦說：「你們在看茶樹啊，我家有棵大的。」

這是找上門來的幸運，立馬起身，跟著這位何姓老媽媽爬坡穿過林子，來到一個叫花椒林的小山坳。此地只有一戶人家，青磚灰瓦，四面圍攏來的是蒼茫山色和森林。她家院頭站了一棵青翠的老茶樹，不高大，但有精神。

老媽媽一指後面的山林：「大的在那！」

順勢望去，密林中露出一大截淺亮的黃綠色樹頂，這麼淺色的茶樹還是頭次所見，幾乎像是果樹的感覺。

走進樹林，雄奇的大茶樹赫然入目，光滑的兩根主幹直升上去，在七、八公尺的高處旋轉生出無數枝幹，鮮嫩綠葉都在頂部，下面盡是如巨粗藤蔓彎曲的樹幹，光光的無葉，頂上的天光傾瀉而下，枝幹盤根錯節，猶如迷宮。

花椒林大樹的乾茶，滋味奇特，跟以前認識的任何茶不同，有淡香，有淡淡的甜，然後才是清涼之苦，回甘很久，還是淡淡的。

只能一個形容：淡而雅致，君子之風。

跟這樣奇猛長相的大樹似乎聯想不到一起。

我們採收了兩年，正在逐年紀錄它的變化，荒誕不經的事情發生了。

主人家的兒子想擴建宅院，請來外面施工隊清理地基，他們竟看不出這是珍稀的老茶樹，誤以為林子裡的普通雜木，沒通知主人，自說自話推土機上去，把大樹連根鏟斷，推到一旁的雜木堆裡去了。

聽到消息，主人頓足，我們悲傷。

太無厘頭，荒謬至極，都什麼年代，還有人用推土機毀滅古茶樹？

事後，想了又想，也唯有釋然，放下。不是說要順其自然嗎，考驗來了。古茶樹生長在天地之間，自然暴力，人為危害在在難免，的確防不勝防。

來來去去，這也是自然的一部分，任何生命都要走的，大自然很美，也很殘酷，人的殘酷更嚴重。

這棵大樹對於我們就是一個奇蹟，奇蹟是不會長久的。

佛家說，萬事皆空，對撫平傷痛是好藥。

三岔河歲月蹉跎

三岔河的古茶園離開其村落有點距離，藏在一個不起眼的山坳裡。外面看不見，遠望就像普通的小丘，上了土坎，下面的窪地一片互相簇擁的古茶樹，一棵連一棵蔓延，伸向谷底的密林深處。一眼看去，值得細察的古茶樹有七、八棵。最大的樹就長在窪地入口，最茂密的一棵長在向谷底傾斜的邊沿上，翠綠的樹影背後是深深下沉的森林，最為好看。

第一棵古茶樹，乍看博大，細看蒼老不已。

很少見到茶樹的主幹顯出老邁蹉跎的百般皺褶，雖然全樹體魄仍然圓碩，但樹幹上布滿苔蘚、裂紋、折傷，樹梢上老葉很多，鮮少嫩葉和芽尖。

認識它的幾年，芽頭一年比一年少。

枝頭上下，露出小朵金黃茶花，外行喜悅它的美麗，這常是茶樹老衰，元氣漸弱的兆頭。

樹要老了，就拚命開花，這是大自然的造化。

古茶樹也有生老病死，目睹一個古老的生命顯出疲憊、蕭條，難免感傷。然而，再看看兩旁一棵棵青翠滿枝，生機勃發的其他茶樹，也就慢慢安然了。

這個衰老過程也許十年二十年，遇到理想氣候，也許有一年又發出茶芽，長成新葉。

如果以後收不到茶，也很正常。

一江春水向東流，這是勢。這塊窪地的大茶樹，主人是農民楊成山，這片大茶樹，是三岔河古樹普洱的極致，每棵都恭敬地存下了。

奇怪的是，在這飽經風霜的老樹下，我感受到它滄桑老去的風韻，拿起相機，怎麼拍照也無法呈現古樹的蒼茫消逝之美。這是無法捕捉的流動氣息，可以看到，感覺到，但拍不下來，無法再現。

喝第一年採的茶，氣韻沉厚濃香，勁力十足，感覺不到這棵樹的老態。

觀溝三大茶樹，翩翩君子

觀溝，是鄭山旁的小寨，村裡村外，散布小群的古茶樹，我們蒐集的有兩區。

這裡要寫的是路邊那唇齒相依的三棵奇特茶樹。

跟鄭山坡上壯闊高歌的大茶樹不同，那些是山嶺壯士，豪邁奔放，而這三棵是秀氣的儒士風雅，翩翩君子。

這三棵屹立斷坡一側，樹齡看上去很悠久，樹身瘦高，老枝交錯，青嫩的鮮葉不多，感覺清臞、超脫，氣質溫文爾雅。

第一棵最瘦，樹幹暗黑色，一支上去，在頂上盤繞彎曲，成為一團藤蔓式的樹冠，黑線條為主，翠綠的葉似乎只是點綴。

當中一棵更削長、更高，一團淺藻綠的樹幹緊抱而聳立，只見歲月蒼蒼的木質崢嶸，到了八、九公尺高處，樹梢才有些翠綠的新葉和嫩芽，要仔細尋找才見，鮮葉的一芽兩葉莖稈細長，兩、三葉向背後彎曲。

見過無數年華的古樹，沉著穩紮，雖有老氣橫秋，但還不至於暮氣沉沉，古老隨處可見，仍然挺拔，沒有衰落之態。

第三棵茶樹相對茂密繁盛，葉子也多，深綠色的大葉，厚實油亮，身板沒有隔壁的大茶樹高挺，但樹形最大，較多彎曲，感覺比較溫和。

三棵大茶樹緊挨在一起，至少數個世紀了，但品種各異，身形和氣質也不同，種下的日子更可能差幾十年，乃至百年。

各自的根系，各自的命，但彼此靠近，自然有微妙的互動和影響，在地底下，無數的根鬚如何交織，是另一個層次的共鳴。

地表之上，它們各自高聳，又互相呼應，遠看宛如三個攜手而行的士人，有的深思，有的低吟，踏著歲月而來。

看著那些硬朗樹身，也許是清朝年間的古樹，有的可能還到大明王朝。想想，很感人。

古人有歲寒三友之說，細看這三棵相依的茶樹，也有神似之韻。

第一棵似梅，當中那棵就像參天大竹，而第三棵則茂盛如松。歲月蒼茫，天翻地覆，古樹依然。

每年春季，觀溝三棵大古樹的芽葉都很稀少，無法分開殺青，製作。每年都把三棵樹的茶葉收攏在一起做的。

這也符合它們的共存方式。

茶味，一如其樹，淡淡柔柔的木質香，浸泡之下會出溫厚的甜潤，但無論怎麼泡，什麼溫度，都是自在篤定的安穩，很少苦澀。

壩外風雨，一棵樹八方來朝

壩外，乃騰衝古茶樹的一大重鎮。

跟我們在當地尋茶的主方向不同，壩外位於城區東南的浦川鄉，跟高黎貢山和小龍江是相反方向。前面講的大竹林古茶樹也在此鄉，鄰近的團田鄉還有純野生的古茶樹，那裡已經鄰近龍陵縣了。

壩外地形給人感覺平緩，寬闊的谷地和低低的山巒，實際海拔有一千五百公尺以上，整個騰衝都位於高原板塊的邊緣。

進了壩外村寨，還沒看到茶樹，就感覺踏上一片有歷史氛圍的土地，村裡還有殘存的老房子和祠堂般的翹簷屋頂。

老人也多，三三兩兩坐在石板街旁聊天，抽菸，那氣氛有點像我們在剛到騰衝時認識的村子：楊家營。

楊家營在機場附近，可能是大明戍邊年月留下的，村裡許多古代房子，老人無數，全聚在中央場坪的小店門口，抽菸，跟女人小孩一起玩牌，一連擺開很多牌桌，圍觀的人更多，場面熱鬧。

似乎誰都不願地待在家裡，那些老人的臉，細看一個個都是滄桑，如果畫成肖像，拍成特寫，會很震撼。

楊家營沒有古茶樹了，只找到一個大茶樹根樁，約有四、五十公分的直徑。

壩外的古茶樹東一片、西一片數量不少，而且揚名在外，起因就是有一棵巨無霸型大茶樹。

出了村子，沿著泥巴土路上坡，一路看到三五成群的古茶樹散布兩旁，有的在谷地田園之間，周圍夾雜了種植小茶樹的後代茶園和臺地，顯然，當地浦川人經營茶葉的興趣比較大。

有的農戶就伴著古茶樹和其他樹林，在坡上造起獨家小院，俯瞰下面田野和村落屋頂。

許多人聽說，此地有一棵巨無霸型的宏大茶樹，都來找尋，但不是人人都找得到的。

它如過去幾百年那樣自生自滅，隱身在山谷森林和田野的某個地點自顧自長著，當地人似乎寶貝它，也沒太當回事，沒標沒牌，更沒修路，至少我們第一次摸索過去的時候，還是如此，那是二〇一四年的秋天。

如果下雨就遍地泥濘、水坑，事實上，每次去的時候幾乎都下雨。

你要攀爬田埂山路，手腳並用，一身泥巴地穿越荊棘，周圍還有混雜的樹叢和灌木。

不到跟前看不到，到了跟前，誰都不由一驚。

你不用抬頭，已經在鋪天蓋地的大樹之下了。

這哪是一棵古茶樹，簡直就是黑黑的一片林子。
古茶樹的採摘使用權屬於村裡的歐陽吉超、吉廣兩兄弟，很驕傲他們家的龐然大樹，本地的茶葉公司幾次想簽都沒談下，我們也談得很吃力，多次往返，才算落槌。

這麼宏偉的古茶樹，在騰衝，乃至全保山都能排上座次，有多大樹齡，沒人確切知道。別人開口就斷言這是千年古樹，我的判斷，應該有六、七百年以上吧。
對樹齡這個話題，我傾向保守。
在當地史料記載裡，提到過明代洪武年間壩外就有大茶樹。反正它肯定屬於我們採收過的，雲南四大茶區的眾多古茶樹當中，樹齡最古老的前三位。

想想驚人，上千年就到遙遠宋代了，在鳳慶香竹箐的那棵古茶樹王，中外專家確認樹齡高達三千二百多年，那是商周年代，還沒春秋戰國，孔子還沒出生。
那還是栽培型的古茶樹！
太難想像，有大茶樹來自如此遙不可及的年代，一到春天還發芽，出茶葉。

它們經歷之浩瀚，十個曾經滄海也不算什麼吧。

改朝換代，血流成河，宮闕變荒原，荒灘長出都會，對它如同舊枝換新枝。亂世不驚，盛世不喜，不聲不響一百年，又一百年……

管你哪個朝代，誰來採茶，都有好茶奉獻，大明王朝、滿清帝國、民國都一樣。

講到底，它是一棵古樹，不在意人的得失，沒有人的喜怒哀樂，你封它茶王樹，或者輕描淡寫，忽略它，都無所謂。

無所謂，這三個字，人人會說，但做不到，做到就成佛了。古茶樹隨時隨地做到了，經歷天災人禍，許多世紀，還年年給我們新茶喝。

好了，繼續講回這棵古樹。

壩外村的這棵樹王，巨大蒼翠，每年只有春茶一季，它的根部直徑接近一點三公尺，從根部就伸開壯闊的臂膀，斜著、豎著，好幾根粗獷的主幹圍攏，伸向空中，在七、八公尺的高度分成細密如網的枝杈，交織出繁密的樹冠，上面的樹幅寬十多公尺。

茶樹主幹加分支，幅度更大，在胸口處三、四個大人也抱不過來。爬上去採茶的人，往上似乎無盡頭的，高了還可以更高。

如此巨型茶樹，一年製成的晒青生茶僅得一、兩公斤。

喝起來，真是感動天地。

茶湯金赤，氣定神閒。蒼茫的氣韻壓倒一切其他感受，四海磅礡，紅塵如煙，盡在小小茶杯中化為虛無。

澡塘，封閉的山河故事

終於要過小龍江了。

看到昔日馬幫過江的鐵索老橋，地名叫「橋街」。一旁的古街依稀，很多新房子，只剩一個土廟和農婦聚會的市集。

我們目標是高黎貢山腳下的澡塘村，離開橋街不遠，但峰巒環繞，地形封閉，山路還很艱困。

一進澡塘的碧綠山谷別有洞天，這裡終日雲蒸霧繞，溫泉湧流，感覺恍如不知今日是何年的世外桃源。

澡塘東鄰新寨田，背靠高黎貢山的原始森林，西接棠梨壩，南毗串龍村，是僅僅三十六戶的小村莊，高黎貢山眾多村落的一個無名小寨，道路彎曲，少人進出，說偏僻很偏僻，說安閒也很安閒。

村裡人對外面的興趣也低，這裡屬於火山地區，漫天漫地的森林和高大核桃樹、古茶樹，村裡還有可泡澡的天然溫泉湧出，故名「澡塘」。

如果不是近年古樹茶紅火，有人不斷進山找茶，這村落還會安靜很多年慢悠悠地活下去。

男耕女織，還有，女人要爬茶樹採茶。這個活，澡塘的男人很少碰。

小日子有些自在，也有些艱難累人，不窮了，但還不富裕，物質簡單，最多的就是青山綠水，雲來霧去，大把時間。

騰衝

澡塘的山頭都是茂密森林，寨分左右，山谷當中的小丘是人稱「小半山」的古茶園。

隔一個山頭，後面的深坡下去，還有一片山谷開闊地，這裡遠山近林，看不到人煙，只有純粹山野當中一片古茶園。

人稱「小窩子」。

兩片茶園不同，小半山明亮開闊，陽光充足，如果在澡塘村沒有雲霧或煙雨的話，實在講，這樣的日子不多。一旦太陽出來，小半山就盡得光輝，可以晒得很猛。

所以，小半山的古樹茶，高香燦爛，甘、涼都濃烈，喝起來酣暢。

小窩子，三面青山如屏，一面敞開，朝向遠谷，放眼全是青巒疊嶂，大自然的氣場完美，風水寶地。

此處茶樹的品種獨異，成熟葉像大葉種，芽尖做出乾茶卻細細彎曲，像中小葉種，茶樹的身形比小半山還大。

澡塘茶樹的起源，沒人細考，大多認為是一百年前從下面串龍村移苗過來的，或者是後幾十年移植上來的成年茶樹，這說法也未必全對。

民國元年，出生串龍的封鎮國，在小猛統任官，大興茶業，他用馬幫送茶籽一萬兩千斤，拉到串龍村廣泛栽種，封氏家族和附近村寨跟隨種植，種茶一時成為風尚。

由此判斷，澡塘的部分茶樹來自相鄰的串龍，約百年歷史，有些道理。然而，澡塘的一些古茶樹樹冠宏偉，樹齡遠逾百年，它們從何而來？

澡塘的茶樹來歷撲朔迷離，但長年閉塞，祖上沒出過名人大官，鋒頭自然被封氏的串龍傳奇奪去了。

全騰衝都在傳說封氏種茶，我們在其境內找到一些三、五百年樹齡的古茶樹，甚至更久的，比如壩外大茶樹在明代就有紀錄，或者雙坡被殘的那棵古樹，還有馬頭山、文家塘，民國初年的封氏不可能是其源頭，只能是近代重振種茶風氣的人。

不是開創者，而是復興了種茶的風氣。

這點，光看在澡塘的最大茶樹（彭家）就一目了然了。

湶塘村第一樹，豪邁當之無愧

湶塘最大的茶樹，從遠處一眼就可認定。

它屬於小半山茶園的範圍，靠村子較近，四、五棵大小近似的壯碩古茶樹長成一群，都是深綠的大葉。雲霧起來之時，其中一棵尤為高大，葉片溼亮，樹幹黝黑，看上去黑壓壓的一片，十分壯觀。

這片大茶樹的主人叫彭安國，而上樹採茶的總是他媽媽。

我也只認識他媽媽。

茶山的女人勤快能幹，經常也很智慧，有的比男人還爽氣。

男人們喜歡喝小酒，抽個菸，聊聊國家大事，山寨小事，半天就過去了。

不過，吃力重活來了，累斷腰他們也會幹完。

爬樹採茶，不是輕活，但男人不如女人，沒那麼靈快，有時候連老奶奶級別的，上茶樹都是一溜煙的，讓人看了眼花。

特別這棵大樹，因為湶塘特定小氣候，非雨即霧，樹皮總是潮溼的，布滿青苔，就算大太陽出來，仍然溼滑。

彭媽媽上樹，竟然穿厚底雨靴，照樣踩得無比紮實，再高的樹枝轉眼就上去了。

這棵古樹屬於大葉種，葉片肥厚，樹種形態有點讓我們聯想起臨滄南美的古樹。蒼勁、雄壯，從上到下披甲綠色，圓頭圓腦大塊頭，不突兀，沒有奇峰崛起，但大氣篤定。它的任何一根分支，摸起來都是沉甸甸的粗大，撐著同樣沉甸甸的樹冠，春天一來，滿樹新芽，彭媽媽又手腳麻利，一年總能做得二公斤乾茶。

任何乾茶超過一公斤的古茶樹，都非同小可。

滋味是典型的小半山，一上來就高屋建瓴，香濃皆至「人間甘露」算第一嘆。滿口青山之香，一股活力充盈心胸。

接著回甘泉湧，只喝一泡，也能持續生津，甘潤數小時。愛喝普洱的人，沒有不傾倒的。

三棵樹的發現，純屬意外

在澡塘村認識很多姓彭的人家：彭安國、彭安雲、彭武連，此村大半農戶都彭姓。

彭安雲愛喝酒，常常微醺，第一次帶路去看他家小半山的古茶樹，腳步有點飄飄的。

看山的眼神，有一點空茫。

但爬茶樹一點不含糊，還能懸空探身，非要採些樹頂的芽尖給我們看。

那天，剛下細雨，山谷裡薄霧飄浮，我們就跟著他穿雲過霧，一步一晃地領略了小半山古茶園的雨後景色。

葉子都是碧玉透亮的，有的還掛滿水珠，中葉、大葉種居多。老茶樹都在兩公尺到四、五公尺之間，有的更高些，樹幹不很粗大，但堅硬、鐵實，很挺地撐起青翠欲滴的樹冠。高高低低，一片片茶樹和其他樹木密集地長在一起。層層疊綠，十分迷人。

彭安雲指指小路上方的陡坡和密林，「那上面還有很多老樹，我爸家的，路不好走，很久沒弄了。」

望進林去，果然有不少茶樹參差，還有別的參天大樹，但雜草叢生，荊棘蓋地，這樣混生的老茶林，常常出好茶，但肯定量很小，對他老爸也許不值得，可能好幾季沒認真採過茶了，純粹野放，變天然森林了。

如此古茶園，我們求之不得，彭安雲的坡下茶園自然好，但他爸的這塊陡峭山坡更是一寶，值得探索。

等到天氣轉晴，地面乾燥了，仍然請彭安雲帶路，去看這山坡上的古茶林，他老爸外出，還沒回村。

那山坡很陡，樹林又密，亂草間沒有路，陡直之處，墊了石頭，以便攀爬。我們手腳並用，爬到茶園上方氣喘吁吁，裡面上百棵老茶樹，能採出鮮葉做茶的最多一半。

我觀察周圍，注意到左面的重重雜木叢裡，還有小山窩，有些老樹影子，暗暗的，看不清楚。

「那裡面還有茶樹嗎？」我問彭安雲。

「有，根本採不到茶，不發。」他說。

我還是好奇，請他用柴刀開路，砍掉些灌木，彎腰穿過橫擋著的樹幹和懸藤，來到那個光線昏暗的小山坳。

真是別有洞天，這地方一進來就覺得舒服，連綿的山崖圍攏，藏風聚氣，頂上是厚厚的大樹濃蔭，光線不足，但不陰溼，瀰漫一種溫潤的氣場。

這地方長茶樹，也許是極品。

這樣一閃念，已瞄到周圍冒出來的老茶樹身形，數一數有七、八棵，三、四公尺高，很瘦削，綠葉稀少，完全無芽，周圍參天大樹遮蔽，藤蔓密布，太陽很難穿透進來。拍照，白天也要開閃光燈，或用三腳架。光線太暗了。

奇特的是，儘管這麼暗，你還是心神定定的，感覺舒朗。

當下決定，請騰衝的同事把關，將上方樹木做適當清理，疏鬆，讓每天有個把小時的陽光照到茶樹，其他都不用做，耐心等待，看看兩、三年後會不會發春芽。

結果只有一年，騰衝同事就打電話來，開始發芽了，有三棵樹可以採！

於是，澡塘三棵樹，就變成我們的一個概念，幾年後仍然只有三棵樹在發，可採摘做茶，別的樹還是安詳不動。當然也有芽，但太少了，要養護，不能做茶。

應該知足，本來就是意外之喜。

何況，這是怎樣的三棵樹啊！出來的茶乃我們遍嘗古樹普洱的一絕。

入口即深沉，心靜如潭，清涼的甘甜似一根直線，貫穿肺腑，幽香綿綿升起，擴散，如一滴水珠，落進潭水。

細微的漣漪，一圈圈在寂靜水面上散開、散開。

從沒喝過這般讓人沉湎的茶，嗜茶本來也算放縱，過癮，此刻變成了禪坐狀態，真想一天到晚喝茶。

喝茶，這兩個字直白，但靠近本質。

品茶比較優雅，暗示一種修養。回到根本，還是喝茶，喝到心裡，直至靈魂深處。

要是心緒不爽，不暢，或者念想太多，我就去找那三棵老樹的茶。

59棵大茶樹呼喚

作　者　張　耀

總 編 輯　王秀婷
責任編輯　李　華

發 行 人　凃玉雲
出　版　積木文化
104台北市民生東路二段141號5樓
電話：(02)2500-7696｜傳真：(02)2500-1953
官方部落格：www.cubepress.com.tw
讀者服務信箱：service_cube@hmg.com.tw
發　行　英屬蓋曼群島商家庭傳媒股份有限公司城邦分公司
台北市民生東路二段141號2樓
讀者服務專線：(02)25007718-9｜24小時傳真專線：(02)25001990-1
服務時間：週一至週五09:30-12:00、13:30-17:00
郵撥：19863813｜戶名：書虫股份有限公司
網站：城邦讀書花園｜網址：www.cite.com.tw
香港發行所　城邦（香港）出版集團有限公司
香港灣仔駱克道193號東超商業中心1樓
電話：+852-25086231｜傳真：+852-25789337
電子信箱：hkcite@biznetvigator.com
馬新發行所　城邦（馬新）出版集團 Cite（M） Sdn Bhd
41, Jalan Radin Anum, Bandar Baru Sri Petaling, 57000 Kuala Lumpur, Malaysia.
電話：(603)90578822｜傳真：(603)90576622
電子信箱：cite@cite.com.my

製版印刷　上晴彩色印刷製版有限公司
封面・內頁設計　張耀

城邦讀書花園
www.cite.com.tw

2023年 7 月 27 日　初版一刷
售　價／NT$ 1200
ISBN　978-986-459-511-2

59棵大茶樹呼喚/張耀著. -- 初版. -- 臺北市：積木文化出版：英屬蓋曼群島商家庭傳媒股份有限公司城邦分公司發行, 2023.07
面；　公分
ISBN 978-986-459-511-2(平裝)

1.CST: 茶葉 2.CST: 人文地理 3.CST: 雲南省

434.181　　112010226